鸡舍门口消毒盆

鸡舍喷雾消毒

加药器

环境控制器

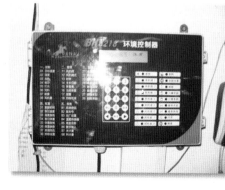

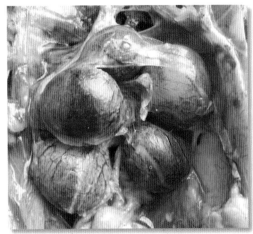

鸡新城疫：
卵黄充血、出血

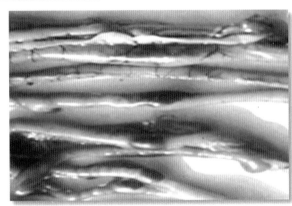

鸡新城疫：
肠管局部肿胀出血

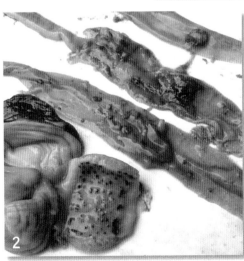

鸡新城疫：
腺胃出血、肠溃疡

2

（本页图片由刘思当提供）

（本页图片由刘思当提供）

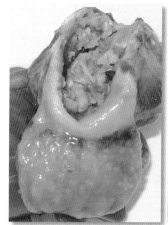

鸡传染性法氏囊病：
腺胃、腿肌出血

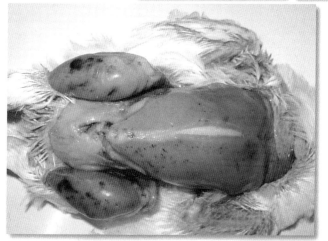

鸡传染性法氏囊病：
胸肌、腿肌出血

鸡传染性法氏囊病：
法氏囊水肿、出血

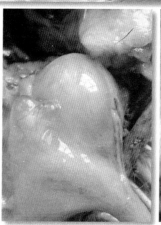
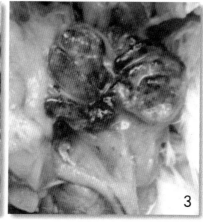

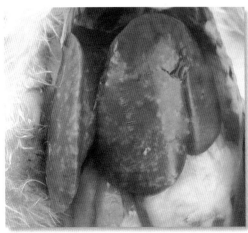

雏鸡白痢：肝坏死

鸡支原体病：气囊炎

鸡大肠杆菌病：肝包炎、心包炎

4

（本页图片由刘思当提供）

鸡场流行病防控技术问答

主　编

王海荣

副主编

刘思当　马宝臣

编著者

王海荣　刘思当　马宝臣

李宏梅　王　磊　柳红洁

徐守振　逄　伟　陈　勇

段会勇　吴延功

金盾出版社

内 容 提 要

本书以问答的形式,阐述了当前鸡场流行病的防控技术。内容包括:鸡场无公害综合防疫,鸡病诊断技术,病毒性疾病、细菌性疾病、寄生虫病、普通病的防控,以及不同季节、不同日龄鸡场流行病的防控要点。内容丰富,指导性、实用性强,适合规模化鸡场管理、技术人员及畜牧兽医工作者阅读使用,亦可供普通养殖户参考。

图书在版编目(CIP)数据

鸡场流行病防控技术问答/王海荣主编 . -- 北京 : 金盾出版社,2012.1

ISBN 978-7-5082-7209-2

Ⅰ.①鸡… Ⅱ.①王… Ⅲ.①鸡病—防治—问题解答 Ⅳ.①S858.31-44

中国版本图书馆 CIP 数据核字(2011)第 202880 号

金盾出版社出版、总发行

北京太平路 5 号(地铁万寿路站往南)

邮政编码:100036 电话:68214039 83219215

传真:68276683 网址:www.jdcbs.cn

封面印刷:北京印刷一厂

彩页正文印刷:北京燕华印刷厂

装订:北京燕华印刷厂

各地新华书店经销

开本:850×1168 1/32 印张:7 彩页:4 字数:164 千字

2013 年 1 月第 1 版第 2 次印刷

印数:8 001～12 000 册 定价:14.00 元

(凡购买金盾出版社的图书,如有缺页、倒页、脱页者,本社发行部负责调换)

前　言

随着我国养鸡业的不断发展,家禽饲养量不断增加,加之国际间交流和国内外禽产品贸易往来的日益频繁,家禽疫病也不断变化,病情越来越复杂,不仅严重危害我国养禽业的发展,而且某些疫病还给人类健康和公共卫生带来了极大的潜在危害,因此,做好家禽疫病的防控已成为养禽业兴败的关键和保障人民健康的必要措施。在这种新形势下,应金盾出版社之约,我们组织相关的专家,广泛参考有关资料,并结合多年来在教学、科研、技术服务中的实践经验,编写了这本书。

本书共分为7章,包括鸡场的无公害综合防疫,鸡病的诊断技术,病毒性疾病的防控,细菌性疾病的防控,寄生虫疾病的防控,普通病的防控,不同季节、不同日龄鸡场流行病的防控要点。

本书在编著时力求实用性,侧重从疾病流行的原因、有效的防控办法加以阐述,希望能对鸡场工作人员和兽医工作者有所帮助。虽有良好的初衷,但限于水平所限,书中疏漏与不妥之处在所难免,敬请同行专家和广大读者批评指正。本书在编写的过程中参考了一些专家、学者撰写的书籍、资料,因篇幅所限,未能一一列出,谨在此表示感谢。

王海荣

目 录

第一章　鸡场无公害综合防疫

1. 为何疫病和药物残留问题已经成为近年来养鸡业发展的瓶颈?

20 世纪 80 年代以来,我国养鸡业发展迅猛。随着养鸡年末存栏数的逐年增加,鸡肉产量也呈现大幅增长的趋势。1985 年鸡肉产量仅为 160.2 万吨,2004 年已经达到了 1351.4 万吨,年平均增长率超过 39%,成为世界第二大禽肉生产国。

我国鸡肉产品从 20 世纪 80 年代就有少量出口,进入 90 年代,鸡肉产品出口量大幅增加。1990 年鸡肉产品出口量为 37 813.5 吨,2000 年达到 372 678.1 吨,10 年间增长了近 10 倍,为近 20 年出口量的最高峰。2000 年之后鸡肉产品的出口量开始下降,2004 年下降到 98 534.35 吨,与 2000 年相比,出口量减少了 2/3 以上。伴随着出口量的下降,2000 年之后的鸡肉生产的增长速度明显降低,甚至出现负增长。2006 年我国禽肉生产总量在 1050 万吨左右,出口仅为 20 多万吨,占总产量 2.13%。

肉鸡出口困难重重,究其原因就是疫病和药物残留的问题。特别是 1996 年以来,日本、韩国、欧盟对我国的鸡肉产品数次封关,每次封关理由都是"产品的质量问题"(尽管有其政治因素),主要针对的就是疫病和药物残留的问题。由于目前国内市场鸡肉的消费日趋饱和,能否出口就成为制约我国肉鸡业发展的重要问题。

我国是世界禽蛋生产和消费大国,禽蛋生产量长期处于世界首位,从 1980 年起,我国禽蛋总产量以年递增 7.8% 的速度增长,从年产 293.5 万吨增长到 2003 年的 2535 万吨,其中鸡蛋约占

82％，目前我国人均禽蛋年消费量 19 千克，达到发达国家的水平。我国鸡蛋集贸市场价格在 1995～1996 年保持上升趋势，并维持在一个较高的价格水平上。但进入 1997 年以后，全国鸡蛋价格持续回落，这主要是由于鸡蛋生产的速度增长过快，而国内鲜蛋消费需求增长不足，再加上鸡蛋加工方式和加工能力的滞后，因此从整体上看，目前我国鸡蛋市场已处于结构性过剩的状况。鸡场疫病防制成功与否和饲养管理水平的高低已成为决定蛋鸡业盈亏的重要条件。

在禽业发达国家，一只褐壳罗曼蛋鸡在一个饲养周期内，其产蛋总量超过 21.5 千克，死淘率能控制在 5％以下；而同样的品种国内一个饲养周期产蛋总量为 16 千克左右，死淘率超过 20％。为什么国外优良品种在国内发挥不出其优秀的生产性能呢？其中最主要的原因是疫情不能有效控制和饲养管理水平的低下。

目前我国禽病防制的总体水平与先进国家相比还有相当大的差距，同比表明，我国用于每羽鸡的药物和疫苗费用平均为美国的 6～10 倍。所以，疫病和药残的问题已经成为近年来养鸡业发展的瓶颈。

2. 鸡场常见病有哪些种类？

根据致病因素的不同，可将鸡场常见疾病分为以下几类：

（1）病毒性疾病 包括马立克氏病、新城疫、禽流感、传染性支气管炎、传染性喉气管炎、禽脑脊髓炎、传染性法氏囊病、鸡痘、减蛋综合征、鸡病毒性关节炎、鸡传染性贫血、鸡白血病、禽网状内皮增生症等。

（2）细菌性疾病 包括大肠杆菌病、鸡白痢、传染性鼻炎、禽伤寒、鸡副伤寒、禽霍乱、鸡弧菌性肝炎、鸡坏死性肠炎等。

（3）寄生虫病 包括球虫、羽虱、棘利绦虫等。

（4）普通病 其又可分为营养代谢病、中毒性疾病。如肉鸡腹水综合征、肉鸡猝死症、钙磷的不平衡等也常有发生。

3. 目前鸡场疾病流行有何特点?

目前我国(大陆地区)鸡病流行出现了以下特点:

一是死亡率高。引起家禽死亡的原因很多,主要是传染病和管理不善。据估计,我国每年因各类禽病导致家禽的死亡率高达15%~20%,经济损失达数百亿元。

二是鸡病的种类多,以传染病的危害最大。据不完全统计,目前已知的对养禽业造成危害的疫病已达 80 多种,而以传染病为最多,约占鸡病总数的 75% 以上。国际兽医局将世界上危害较大的传染病分为 A 类疾病、B 类疾病和其他疾病,A 类疾病共有 15种,其中,被列入的鸡病是高致病性禽流感和新城疫。

三是新发生的鸡病种类增多。当前各地通过多种渠道从国外大量引进种禽,又缺乏相应的检测手段,有带入新鸡病的风险,加上国内禽产品市场交流频繁,集约化、标准化饲养管理水平低,卫生防疫技术落后,致使新的鸡病不断出现。其主要有鸡圆环病毒病、鸡传染性贫血、禽流感、肾型和腺胃型传染性支气管炎、鸡病毒性关节炎、包涵体肝炎、产蛋下降综合征、禽白血病 J 亚群、禽衣原体病、肉鸡腹水综合征和隐孢子虫病等。

四是老疾病,新形式。具体表现有 2 种:

第一种,疫病在免疫条件下表现非典型流行形式,例如,免疫鸡群中出现新城疫强毒感染和持续循环感染,导致产蛋鸡不明原因产蛋下降,死淘率不同程度升高,呼吸道综合征加重,仅少数鸡有新城疫症状与病变。

第二种,病原体变异和进化。其又包括 3 种类型:①毒力增强型。例如马立克氏病病毒(MDV)1960 年以前为中毒型(经典型);1960~1980 年以前为强毒型(vMDV);70 年代后期至 80 年代初期为超强毒型（vvMDV）；80 年代后期为超超强毒型（vv⁺MDV）。②临床症状变化型。例如，传染性支气管炎在 20 世纪 80 年代以前表现呼吸型；80 年代出现肾型；90 年代出现腺胃型等。③宿主改变型。例如，新城疫在 20 世纪 90 年代以前，鸭、鹅不发病；90 年代中期以后，鸡、鸭、鹅均发病，且可互相传播。

五是多因素疾病-复合型疾病大量出现。目前在实际生产中常见很多病例是由两种或两种以上的病原协同致病，引起并发病和继发感染病例上升。特别是一些条件性、环境性病原微生物所致的疾病，或几种病毒病同时发生，或细菌病与病毒病同时发生，或者几种细菌病、细菌病和寄生虫病、病毒病与寄生虫病同时发生，多种病原的混合感染给诊断和防治工作带来了很大难度。

六是耐药性增强。由于滥用抗生素和饲料中长期添加低剂量的抗生素添加剂，导致细菌的耐药性越来越普遍、严重，使控制细菌性疾病成为一大难题。

七是免疫抑制性疾病普遍存在，成为笼罩我国养禽业的阴影。常见的免疫抑制性疾病包括鸡马立克氏病、传染性支气管炎，以及近年来新出现的 J 亚群禽白血病、网状内皮组织增生症、传染性贫血病、矮小综合征、传染性病毒性腺胃炎等。

4. 导致鸡场疫病严重的原因有哪些？

我国是养禽业的世界大国，但还不是强国。其中一个重要原因是我国禽病问题严重，防控水平不仅大大落后于发达国家，也落后于泰国、巴西等一批发展中国家。20 世纪 90 年代中期以来，各种疾病特别是传染性疾病，严重威胁我国的养禽业，成为制约养禽业进一步发展的主要障碍。

导致疾病问题严重的原因主要有以下几个方面：

其一，养殖模式仍以小规模饲养为主，养殖条件差，生物安全水平较低。我国养禽业发展过程中，在饲养数量扩增的同时，养殖的模式却未发生根本变化,仍以 1 万只以下的蛋鸡和 3 万只以下的肉鸡的小规模饲养为主,饲养量在 1 万只以下的庭院养殖在全国各地普遍存在,可以说中小型鸡场在我国养鸡业中占有很重要的位置。从数量来说,它占全国规模鸡场数的 98%;从存(出)栏量来说,它占全国规模鸡场存(出)栏量的 90%,占全国鸡的存(出)栏总量的 1/3。然而,由于其投资小,养殖条件差,不能很好地控制舍内小气候和环境,造成了鸡对疾病的易感性上升,发病率增高。例如大棚饲养冬季的通风与保温矛盾问题较为严重,如果不能很好地解决,就会引起呼吸道病等疾病的发生。

根据联合国粮食及农业组织(FAO)对养殖企业生物安全等级的分类,我国 1 万只以下的蛋鸡群和 3 万只以下肉鸡群处于最低生物安全水平的三类和四类,仅 10%～20% 的鸡是饲养在中到高生物安全的一类和二类的集约化系统中。我国养禽业在发展过程中总体上规划不够,有些地区的饲养密度过大,一个县范围内饲养几千万只家禽,村连村、户连户的饲养模式,给疾病防控带来难度。

其二,种禽企业良莠不齐。目前由于准入制度不健全,我国种禽企业良莠不齐,总体水平不高,达到生物安全等级一类和二类的仅是少部分。从疾病防控角度来看,祖代和父母代存在较多疾病问题,必然会影响后代。这里有三个突出问题:一是种鸡群鸡白痢、支原体病和禽白血病等蛋传递疾病的阳性率普遍较高,没有全国性的净化和根除规划。这些病的阳性率从祖代、父母代到商品代不断放大,造成商品代很难饲养,如为了控制育雏期的雏鸡白痢,严重依赖抗生素。二是种禽使用的活疫苗带来外源病原体污染问题。我国大部分种禽,尤其是父母代种禽还不能完全使用真正无特定病原鸡(SPF)源的活疫苗,这就使一些经胚传递的病原体,如支原体、网状内皮增生症病毒、呼肠孤病毒、禽白血病病毒、鸡传染性贫血病毒等,经活疫苗的使用而造成在种禽中的人工传播感染,所以在商品代这些病的阳性率远比国外的要高。这些病原体有很多是具有免疫抑制性的,高阳性率对群体的疫病防控产生严重的不利影响。三是免疫程序有待优化。对一些重要传染病,种禽如果不能为后代提供平均滴度较高、变异系数较小的母源抗体,将给后代的免疫预防带来困难。

其三,对重大疫病的防控存在误区。我国对新城疫、禽流感等重大疫病的防控存在认识误区,不能科学地认识疫苗在防控中的作用,不能正确使用疫苗,而是过分地依赖疫苗乃至滥用疫苗。在我国,有很多人存在"手中有苗,心中不慌"、"一针(疫苗)定天下"的错误观念,这违反了传染病防控的最基本原则:必须在消灭传染源、切断传播途径和提高易感畜群免疫力三个环节上形成合力,才能有效控制流行。因此疫苗免疫不能作为第一道防线,只能作为最后一道防线,以消灭传染源和切断传播途径为目的的生物安全措施才是第一道防线,必须在这两个环节上狠下功夫。而且疫苗免疫的禽群仍可感染强毒,并在群内复制和排出,成为传染源。疫苗免疫不能阻止和消除感染,仅提供临床保护,减少感染引起的发病和死亡,降低强毒感染产生的病毒载量。而且,疫苗毒株和现场流行毒株始终存在遗传和抗原差异,因此免疫保护是不完全的,新疫苗研制的速度永远滞后于病原体进化的速度。

其四,疫病监测工作存在缺陷。一些疫情、病原体变异往往不能被及时发现,等扩散到较大范围时才被认识,错过了防控的最佳时机。新的《动物防疫法》对重大动物疫病的疫情报告有明确具体的规定。在第一时间诊断、报告疫情,是根据"早、快、严、小"原则控制和扑灭疫情的前提条件,如做不到这一点,后果是疫情由点到线,由线到面,再由面到大范围、大地域扩散流行。

5. 如何做好鸡场的无公害防疫?

防疫是指采取各种措施将疫病排除于一个未受感染的鸡群之

外,或者将已发生的疫病控制在一个最小的范围内加以扑灭。

随着我国畜牧业的发展,发展无公害畜产品生产,是我国畜牧业面对国内外市场要求必须做出的现实选择。在现代养鸡生产的过程中必须采取无公害防疫技术。所谓无公害防疫,即是在一般性的防疫措施中,杜绝使用一切对人体健康、社会环境和鸡体本身安全有影响的生物制剂、药品和技术,重点控制鸡的饲料、饮水和环境卫生的质量,从而保证生产出的产品符合无公害食品的要求。

因此如何科学防疫是无公害生产面临的最棘手的问题之一,一方面,应尽量不用或少用药物,以减少药物残留;另一方面,应讲求效益,用较低的成本达到良好的效果。

防疫工作的方针是预防为主、防治结合、防重于治。防疫和治疗可以说是百倍的效益差别,因为疾病一旦发生,则必然造成损失,鸡场多花一元钱进行防疫,可以免除上百元钱的治疗费,特别是肉鸡的饲养周期短,过多用药很难控制药物残留。鸡场应采取综合性的防疫措施,从场址的选择、鸡场的布局、设备的安装、雏鸡和饲料的选择、饲养管理、消毒隔离、疫苗接种、药物应用和动物保健检测等生产的各个环节着手,环环相扣,解决防疫问题,避免疫病的发生。

传染病的流行离不开传染源、传播途径、易感禽这三个基本环节。只有消灭、隔离传染源,切断全部可能的传播途径,增加易感禽的抵抗力,才能有效地控制传染病的流行。

降低传染源的传染作用,就要搞好隔离与消毒,消灭、隔离传染源,切断传播途径,建立良好的生物安全体系。

增加易感禽只的抵抗力应该从两个方面入手:

一是加强饲养管理,增强机体抗病能力。加强饲养管理是预防所有动物传染病的前提条件,只有在良好的饲养管理下,才能保证鸡只处于最佳的生长状态并具备良好的抗病能力。因此必须将饲养管理和疾病预防作为一个整体加以考虑,通过采取严格的管理措施,如养殖场舍的隔离、环境消毒、控制人员和物品的流动等,防止鸡群受到疾病的危害。

二是强化疫苗接种。养鸡场有计划地对家禽进行免疫接种,使家禽产生特异性的抗体,在一定的时间内,避免遭受传染病的侵袭。但接种后不可避免地会给家禽带来一定的副作用,对家禽的产肉、产蛋等生产性能均有不同程度的影响,应将其降到最低限度。

6. 如何建立良好的生物安全体系?

生物安全是指防止致病性微生物、寄生虫侵入鸡场及阻止其在本鸡场、鸡舍及鸡群内传播的一整套管理措施。以消灭传染源和切断传播途径为目的的生物安全措施是疫病防控的第一道防线。与用药物、疫苗防治相比,生物安全体系安全、有效,且成本较低。生物安全措施具体包括以下几个方面:

(1)场址的选择和鸡场建设 ①保证场地无病原污染,不能在原有的鸡场上建场或扩建。要高度重视水源水质,严防各种病原微生物及有害化学物质的污染。②远离传染源,具有隔离条件。鉴于我国的实际情况,鸡场或鸡舍周围应建围墙或设篱笆。③养鸡场应由小规模分散饲养过渡到大规模集约化饲养,压缩饲养场的数量,扩大单个饲养场(户)的规模。④鸡舍布局要合理,鸡舍间距要合乎卫生防疫要求。养禽场可分为生产区、生活区和隔离区,各区既要联系,又要严格划分。生产区要建在上风头,生活区在最前面,与生产区应有 200～250 米的距离。兽医诊断室、化验室、剖检室、尸体处理等地应建在生产区下风头。堆粪场应设在离生活区和鸡舍较远的地方,最好相距 500 米以上,且应在生活区和禽舍地势的下风方向。⑤鸡舍的结构力求合理,地面、天棚、墙壁耐冲刷,耐酸、碱消毒,尽量采取全程或前期棚架饲养,棚架坚固平整,便于拆安、清洗、消毒。⑥鸡场必须有良好的排污条件,粪便及污水必须能够及时排除和发酵处理,严防鸡场周围环境粪便及污水污染。

(2)建立严格的防疫制度　鸡场周围区域应建筑围墙,围墙外最好设防疫沟,防止不必要的造访人员,鸡场所有入口处应加锁并设有"谢绝参观"标志。鸡场门口设消毒池和消毒间,所有进场人员要脚踏消毒池。

更衣室有紫外线消毒灯,工作服应定期清洗,鸡舍门口设消毒池或消毒盆供工作人员消毒鞋用。进入或离开每栋鸡舍时,工作人员和来访人员必须要清洗、消毒双手和鞋靴。鸡舍下风向要建去污清洗设施,大鸡场要设专门的剖检室及死鸡无害化处理设施。

①本场人员管理　场内所有人员要具备一定的文化素质,经过专门培训,掌握科学饲养管理的基本知识,有高度的生物安全意识,身体健康,没有人兽共患病。

对鸡场工作人员实行封闭式管理,在鸡场内吃住,专人送饭,不带可能有病原污染的食物,不能轻易离开生产区,一旦离开,再进入时要淋浴、更换消毒工作服。工作人员在生产区外居住时,其进鸡舍前要遵守生物安全防疫程序。有条件的鸡场要求所有员工必须先淋浴,更换干净的工作服和工作鞋,然后才能进场工作。这是防止场与场之间交叉感染最有效的措施之一。如无法做到淋浴,所有员工到场时必须更换洁净的工作服和工作靴。

人员、动物和物品运转应采取单一流向,防止污染和疫病传播。由于不同日龄的鸡群抵抗能力不同,幼龄鸡群接种免疫项目少,对某些疾病还没有抵抗力;而大龄鸡群接种免疫项目多,抵抗力强。因此,每栋鸡舍要专人管理,各栋鸡舍用具也要专用,严禁饲养员随便乱串和互相借用工具。管理人员、工作人员在场区内走访鸡群时,应先按年轻鸡群、后大龄鸡群的顺序,进入每个区域都要对鞋进行消毒。对隔离区和生产区,要使用不同的工作靴,防止通过鞋靴机械地传播疾病。

②外来人员管理　由于外界人员身上可能携带一些病菌,所以养殖场一般是不允许随意参观的。除本场(或舍)内饲养人员外,其他所有人员一律禁止进入生产区,特定情况下,参观人员在淋浴和消毒后穿戴工作服才可进入。所有出入生产区的人员一律实行登记制度,登记表要写明进入人员的身份、理由、时间、沐浴、更衣、消毒等情况。做好来访人员的记录,严禁卖药、收死鸡、买鸡粪的外来人员入内。

③车辆管理　进出鸡场的车辆一定要消毒,因为其一般都是经常出入其他鸡场及家禽交易市场的,容易携带病菌,所以进出车辆必须经过消毒池消毒,进场车辆建议用表面活性剂消毒液进行喷雾。携带入舍的器具和设施都是潜在的疾病来源,必须经过彻底清洗和消毒之后方可带入鸡舍。

(3)鸡苗控制

①来自健康鸡群　注意引种来源,不得从疫区购买雏鸡。雏鸡应来自有种鸡生产许可证,而且无鸡白痢、新城疫、禽流感、支原体、白血病的种鸡场,或由该类场提供种蛋生产的、经过产地检疫的健康雏鸡。一定要保证鸡苗来自健康鸡群,对供鸡苗的种鸡群要定期检疫。

②来自合格的孵化厂　孵化厂应有严格的消毒制度,从拣蛋到出雏,严格按规程消毒,鸡苗孵化良好,健康活泼,大小均匀,无明显病症。

③严格鸡苗检疫　抽检鸡苗的垂直传染性疾病的母源抗体水平(新城疫、禽流感、传染性法氏囊病)的情况。

(4)严格控制其他传染源　对于来自不同种鸡场的雏鸡,其鸡龄、接种疫苗种类可能不同,因此母源抗体水平也有差异,不宜共同饲养。一般来说,一栋鸡舍或全场的所有鸡只应来源于同一种鸡场。如果从多个鸡场进鸡,就可能将各个种鸡场的疾病带到本场,加大了控制疫病的难度。因此建议只从一个种鸡场进雏鸡。

鸡场最好坚持采用全进全出制,即全场同时进鸡苗,同时全部出栏。这样做便于彻底清理、消毒,防止这边进鸡苗,那边出栏,引起疾病交叉感染。

延长鸡群与鸡群之间的空舍时间可以减少鸡场的感染,空舍时间即鸡舍彻底完成清洗和消毒工作后至下一批鸡群入舍之间的时间,一般至少2周。空舍时应关闭并密封鸡舍,防止野鸟和鼠类进入。

严防村庄散养鸡、鸭、鹅、犬、猫等畜禽进入生产区。另外要注意,同一养禽场不可饲养其他禽类,以免交叉感染,更不能养鸟,或其他野禽。这些禽类可能是病毒的携带者,本身虽然不发病,但能将疾病传给鸡。禁止携带家禽及家禽产品进入场内。

7. 如何进行隔离?

隔离就是采取措施使病鸡及可疑病鸡不与健康鸡接触。隔离多用于疫病发生的进程,但平时也不可忽视,例如,从外地购入鸡只时要先隔离观察一定时间,确实无病方可合群。从综合防疫来讲,只隔离不消毒,或者只消毒不隔离,都不可能阻止疫病的传播。

同群的鸡只接触密切,病原体很容易通过空气、饲料、饮水、粪便、用具等迅速传播。因此,在一般情况下,隔离应以鸡群或鸡舍为单位,把已经发生传染病的鸡群内所有鸡只视为病鸡及可疑病鸡,不得再与健康鸡接触。视作隔离群或隔离舍的地域,应专人管理,禁止无关人员进入或接近,工作人员出入应遵守严格的消毒制度,用具、饲料、粪便等未经消毒处理,不得运出场外。对病鸡及可疑病鸡,应加强饲养管理,及时投药治疗。如为新城疫、传染性喉气管炎等应使用弱毒疫苗进行紧急免疫。同时应进行紧急消毒,每天1次,连续6~7天,或直至病鸡完全康复。

为了使传染病发生时鸡舍能达到较好的隔离状态,鸡场在设计时就应做好规划,并建立和遵守完善的隔离制度。

建场选址应离开交通要道、居民点、医院、屠宰场、垃圾处理场等有可能影响动物防疫安全的地方。养鸡场到附近公路的出路应该是封闭的 500 米以上的专用道路。场地周围要建隔离沟、隔离墙和绿化带;场门口建立消毒池和消毒室;场区的生产区和生活区要隔开;在远离生产区的地方建立隔离圈舍;畜禽舍要防鼠、防虫、防兽、防鸟;生产场要有完善的垃圾排放系统和无害化处理设施等。山区、岛屿等具有自然隔离条件的地方是最理想的场址。

鸡舍与鸡舍之间不能距离太近,前后排之间不应少于 15 米,较大的鸡场,应该把鸡舍分为若干单元,每个单元以林地围绕,使之相互隔离。各单元有各自的出入路线,保持相对独立,每个独立单元只养一个日龄的鸡,定期清洁和消毒,并注意周围鸡场的疫情,以便及时采取控制措施。

一般规模养鸡场都设有隔离区,用于对本场患病鸡和从外界新购入鸡的隔离,但往往达不到预期效果。因为这些隔离区都建在生产区的范围内,与养鸡场的人员、道路、用具、饲料等方面存在各种割不断的联系,因此形同虚设。应建立真正意义上的、各方面都独立运作的隔离区,重点对新进场鸡、外出归场的人员、购买的各种原料、周转物品、交通工具等进行全面的消毒和隔离。

8. 消毒的意义是什么?

消毒就是采取各种手段把传染源排在外界环境中的病原体消灭,即在病原微生物入侵鸡体之前将其杀死,以减少和控制疾病的发生。其是切断传播途径,阻止疫病蔓延的重要措施。

消毒的特点是:第一,受鸡体影响较小,主要根据环境情况、病原体种类用药。第二,药价便宜,可节省开支,降低成本。第三,减少药物残留,一般消毒剂不易造成肉、蛋药物残留,但仍需注意消毒剂的危害和残留。建议选择符合《中华人民共和国兽药典》里规定的高效、低毒、低残留消毒剂。

生产管理工作者应当树立预防为主,防重于治,消毒重于投药的观念。无论在发生疫病时,还是在平时消毒都应定期进行,当某一栏舍空栏后更应彻底清洁和消毒。

根据消毒的目的不同,可以把消毒分为预防性消毒、应急消毒和终末消毒。预防性消毒是在正常情况下,为了预防肉仔鸡传染病的发生所进行的定期消毒。应急消毒是在发生传染病时,为了及时消灭由病鸡排出于外界环境中的病原体而进行的紧急消毒。终末消毒是在传染病扑灭后,为消灭可能残留于疫区内的病原体所进行的全面消毒。

9. 常用的消毒方法有哪些种类?

根据消毒的方法不同,可分为机械消除、物理消毒、化学消毒及生物消毒。

(1)机械消除　指用机械的方法,如清扫、冲洗、洗擦、通风等手段清除病原体,是最常用的一种消毒方法,也是日常卫生工作内容之一。机械清除并不能杀灭病原体,但可使环境中病原体的量大大减少。因为从病鸡体内排出的病原体,无论是从咳嗽、打喷嚏排出的,还是从分泌物、排泄物及其他途径排泄出,一般都不会单独存在,而是附着于尘土及各种污物上,通过机械消除,环境内的病原体会大量减少。为了达到彻底消灭病原体的目的,必须把清扫出来的污物及时进行掩埋、焚烧或喷洒消毒药物。

(2)物理消毒　包括高温、干燥、紫外线照射等。

高温是最常用且效果最确实的物理消毒法,它包括巴氏消毒、煮沸消毒、蒸汽消毒、火焰消毒、焚烧。

煮沸消毒是应用广泛、效果良好的消毒法,多用于物品的消毒。一般细菌在100℃开水中3~5分钟即可被杀死,煮沸2小时以上,可以杀死一切传染病的病原体。如能在水中加入0.5%火碱或1%~2%小苏打,可加速蛋白脂肪的溶解脱落,并提高沸点,从而增加消毒效果。

蒸汽具有较强的渗透力,高温的蒸汽透入菌体,使菌体蛋白变性凝固,微生物因之死亡。饱和蒸汽在100℃时经过5～15分钟,就可以杀死一般芽胞型细菌。蒸汽消毒按压力不同可分为高压蒸汽消毒和流通蒸汽消毒两种。前者主要用于实验室用品的消毒。

紫外线照射也是养鸡场常用的消毒方法。在紫外线照射下,病原微生物的核酸和蛋白发生变性,从而被杀灭。应用紫外线消毒时,室内必须清洁,最好先洒水再打扫,人离开现场后再消毒,消毒的时间要求在30分钟以上,多用于更衣室、化验室。

火焰消毒法常用于鸡场设备的消毒,如用火焰喷枪消毒笼架。

(3)化学消毒 指用化学药物把病原微生物杀死或使其失去活性。用于这种目的的化学药物称为消毒剂。理想的消毒剂应对病原微生物的杀灭作用强大,而对人、肉仔鸡的毒性很小或无,不损伤被消毒的物品,易溶于水,消毒能力不因有机物存在而减弱,价廉易得。

化学消毒剂包括多种酶类、碱类、重金属、氧化剂、酚类、醇类、卤素类、挥发性烷化剂等。它们各有特点,在生产中应根据具体情况加以选用,

一般情况下对鸡场常用的消毒方法有三种:带鸡(喷雾)消毒、饮水消毒、环境消毒,分别切断不同病原的传播途径,相互不能代替。带鸡消毒可杀灭空气中、鸡体表、地面及屋顶墙壁等的病原体,对预防呼吸道疾病很有意义,另外还具有降低舍内氨气浓度和夏季防暑降温的作用;饮水消毒指对饮水进行消毒,可杀灭饮水中的病原体及净化肠道,对预防肠道病很有意义;环境消毒包括对禽场地面、门口过道及运输车(料车、粪车)等的消毒。很多养殖户(尤其是蛋鸡养殖户)认为经常给鸡饮消毒液,鸡就不得病,这种想法是错误的,因为饮水消毒虽可以减少肠道病的发生,但对呼吸道疾病无预防作用,呼吸道疾病必须通过带鸡消毒来实现。因此,只

有将上述三种方法结合使用，才能达到良好的消毒效果。

下面介绍一下带鸡消毒和饮水消毒的时间间隔：

①带鸡消毒　育雏期一般第三周以后才可带鸡消毒（过早不但影响舍温，而且如果头2周防疫做得不周密，会影响早期防疫），每2～3天消毒1次；育成期宜4～5天消毒1次；产蛋期宜1周消毒1次；发生疫情时每天消毒1次。注意疫苗接种前后2～3天不可带鸡消毒。

②饮水消毒　育雏期最好第三周以后开始进行饮水消毒（过早不利于雏鸡肠道菌群平衡的建立，而且影响早期防疫）。其有两方面含义：第一，对饮水进行消毒，可防止通过饮水传播疾病。一般使用卤素类消毒液，如漂白粉、氯制剂等，应按照消毒液说明书上要求的饮水消毒的浓度比的上限来配制消毒水，其可连续饮用。注意不可超过这一浓度，否则会导致肠道菌群失衡，引发疾病；第二，净化肠道，一般每周饮1～2次，每次2～3个小时即可。浓度按照消毒液说明书上要求的饮水消毒的浓度比的下限来配制。例如消毒剂标明的饮水消毒浓度为1：1000～2000，如用于净化肠道则用1：1000浓度，每周饮1～2次；如用于对饮水进行消毒，用1：2000浓度可连续饮用。注意在防疫前后3天、防疫当天（共7天）及在用治疗药时，不要进行饮水消毒。

10. 生产实践中常见的消毒问题有哪些？如何解决？

（1）消毒液选择不当

①消毒液种类过于单一　长期使用一种或一类消毒液容易使病菌产生耐药性，同一批鸡应选择2～3种类别消毒液交替使用。注意：是选择不同主要成分类别的消毒液，而不是不同商品名的，因为市面上销售的消毒液，很多是同药异名。

②消毒液选择无针对性　实验表明：不同的消毒液对不同的病原体敏感性是不一样的，一般病毒对含碘、溴、过氧乙酸类消毒

液比较敏感;细菌对含双链季铵盐类的消毒液比较敏感。所以在病毒多发的季节或鸡生长阶段(如冬春季、肉鸡 30 日龄以后)应用含碘、溴的消毒液,而细菌病高发时(如夏季、肉鸡 30 日龄以前)多应用含双链季铵盐类的消毒液。

(2)忽视影响消毒的因素

①温度 一般情况下,消毒液温度升高,消毒效果可增加。实验证明,消毒液温度每提高 10℃,杀菌效力增加 1 倍,但配制消毒液的水温应不超过 45℃为好。另外,在熏蒸消毒时需将舍温提高到 20℃以上,效果较好。

②湿度 很多消毒措施对湿度的要求较高,如熏蒸消毒时需将舍内湿度提高到 60%~70%,效果才好;又如生石灰单独使用是无效的,需要洒上水或制成石灰乳等。

③污物或残料(如蛋白质) 灰尘、残料等都会影响消毒液的消毒效果。因此在进雏前,对育雏用具进行消毒时,一定要先清洗再消毒,不能清洗消毒一步完成。否则污物或残料会严重影响消毒效果,使消毒不彻底,对抵抗力弱的雏鸡来说会有很大威胁。

④时间 喷雾消毒一般在中午温暖时进行,或夜间熄灯后进行。另外消毒需要一段作用时间,才会起到效果,如熏蒸消毒需24 小时,用具消毒时需要对用具浸泡一段时间等。

⑤消毒液的浓度、剂量 消毒液浓度并不是越高越好,浓度过高一是浪费,二是可能腐蚀设备,甚至对鸡造成伤害,三是有些消毒药浓度过高反而消毒效果下降,如酒精浓度在 75%时消毒效果才最好。在喷雾消毒时,消毒液用量以每立方米空间 30 毫升为宜,过大会导致舍内过湿,诱发某些疾病过小,又达不到消毒效果。一般应灵活掌握,在鸡群发病、育雏前期、天气温暖时应适当加大用量,而天气寒冷、肉鸡育雏后期时应减少用量。

11. 如何安排不同饲养阶段的消毒工作？

(1)进鸡前的消毒　新建鸡场进鸡前,要求舍内干燥后,屋顶、地面用消毒剂消毒 1 次。饮水器、料桶、其他用具等充分清洗消毒。使用过的鸡场进鸡前,彻底清除一切物品,包括饮水器、料桶、网架或垫料、支架、鸡粪、羽毛等。彻底清扫鸡舍地面、窗台、屋顶以及每一个角落,然后用高压水枪由上到下,由内向外冲洗。要求无鸡毛、鸡粪和灰尘。

待鸡舍干燥后,先用适当浓度的火碱水消毒 1 次,或用 10%石灰乳消毒剂粉刷墙面,干燥后再用酚类、卤素类消毒剂对整个鸡舍从上到下喷雾消毒 1 次。撤出的设备,如饮水器、料桶、垫网等用消毒液浸泡 30 分钟,然后用清水冲洗,置阳光下暴晒 2～3 天,再搬入鸡舍。进鸡前 6 天,封闭门窗,熏蒸消毒(每立方米用高锰酸钾 21 克,福尔马林 42 毫升)24 小时(舍内温度 20℃～25℃,空气相对湿度 80%)后,通风 2 天后才能进鸡。

(2)日常消毒　鸡舍门口设脚踏消毒池(长、宽、深分别为 0.6 米、0.4 米、0.08 米)或消毒盆,消毒池选用煤酚皂溶液或 2%氢氧化钠溶液,每周更换 1 次。工作人员进入鸡舍,必须洗手、脚踏消毒剂,穿工作服、工作鞋,洗手消毒剂多用新洁而灭、过氧乙酸、来苏儿,工作服不能穿出鸡舍,饲养期间每周至少清洗消毒 1 次。器械用具多选用 0.1%新洁而灭和 0.2%～0.5%过氧乙酸进行消毒,然后在密闭的室内用甲醛熏蒸消毒 30 分钟以上。

鸡舍周围每 2～3 周用 2%火碱液消毒或撒生石灰,场周围及厂内污水池、排粪坑、下水道口,每一两个月用漂白粉消毒 1 次。

鸡舍工作间每天清扫 1 次,舍内至少每周消毒 1 次。要准确计算单位面积或空间的消毒用药量,每次消毒结束后监测消毒效果。舍内消毒建议使用符合《中华人民共和国兽药典》规定的高效、低毒和腐蚀性低的消毒剂如卤素类、表面活性剂。

从 4 周龄起(一般不低于 10 天)交替选用 0.2%～0.3%过氧乙酸、0.1%～0.3%次氯酸钠、4%来苏儿或 0.15%新洁而灭,用高压喷雾器定期喷雾消毒,雾粒直径为 80～100 微米,不可小于 50 微米,喷雾量按每立方米空间约 15 毫升计算,每次喷雾消毒间隔时间可根据鸡舍内的污染情况及周围疫情而定,一般鸡舍坚持每周带鸡喷雾消毒 1 次,但免疫前后 3 天不可带鸡消毒。

带鸡消毒的注意事项如下:①鸡舍每天打扫,及时清除粪便污物和灰尘。②带鸡消毒时,喷口不可直射鸡,药液的浓度和剂量一定要掌握准确。喷雾程度以地面、墙壁、屋顶均匀湿润和鸡体稍湿为宜。③消毒液的温度要适当,高温育雏,或寒冷的冬季用自来水直接稀释喷雾,易使鸡感冒。水温应提前加热到室温。④气体喷雾造成鸡舍、鸡体表潮湿,过后要开窗通风,促其尽快干燥。⑤鸡舍应保持一定的温度,尤其是鸡日龄较小时,要将舍温比平时温度提高 3℃,及时驱湿、驱寒,以免鸡受冷挤堆压死。⑥消毒剂轮换使用,每 2 周换 1 次。长期使用单一消毒剂,消毒效果会有所下降。⑦鸡群接种弱毒疫苗前后 1～2 天内停止喷雾消毒。

(3)出鸡后的消毒 鸡舍在一批鸡饲养结束鸡舍腾空后要进行彻底的清扫,及时清理鸡粪、垫料,然后用高压水枪冲洗,空舍干燥 3 天,再用 4%来苏儿、0.1%新洁而灭、过氧乙酸、次氯酸钠药液喷洒、浸泡,可连续消毒 2 次,必要时可用火焰消毒 1 次。再关闭门窗用甲醛熏蒸消毒(每立方米空间用 40%甲醛 28 毫升,高锰酸钾 14 克混合熏蒸)。鸡舍的所有器具可用 0.3%过氧乙酸或 0.1%高锰酸钾浸泡清洗、晾干。鸡舍清理完毕至少空舍 2 周后方可投入使用。

12. 如何制定免疫计划和程序?

有计划的免疫接种,是预防和控制鸡传染病的重要措施之一。通过免疫接种,使机体产生对疾病特异性的抵抗力,尤其是对病毒性传染病,减少疫病带来的损失,也可减少由于用药造成的药物残留问题,而且免疫接种的费用也远比药物防治的费用低。

免疫接种是一项科学性极强的工作,任何小的失误都可能引起严重的后果,甚至造成全场停产。所以在每批鸡生产周期开始之前,必须首先制定好相应的免疫计划,供生产过程中参照执行。计划中应包括对具体每种传染病的免疫程序,所用疫苗的种类、品系、来源、用法、用量,以及接种时间、顺序和次数等内容,制定免疫程序和计划时,应该从本场的实际情况出发,参考下列基本原则进行。

其一,掌握本地区和雏鸡供应地区的鸡病流行特点,以及本场疫情的历史和现状,将直接威胁生产、需要重点防范的疫病列入免疫计划。但对当地尚未发生的疾病,不要轻易引入疫苗,尤其是强毒型活疫苗。否则,很容易造成病原扩散,对血清学监测也会产生干扰。

其二,科学的免疫程序应建立于免疫监测的基础上,有条件的鸡场应根据免疫的结果确定免疫时机,无条件的鸡场可请教当地兽医或参考其他鸡场的免疫程序。

其三,对疫苗的效力、产地和使用要求应事先了解清楚。养鸡场(尤其是大型养鸡场)对自己没有使用过的疫苗,应先进行小规模预试验,确实安全和有效后再大规模推广,以免造成难以挽回的损失。对本场的饲养管理水平和待免疫鸡群的健康状况要有一个正确的评价,以便于实施免疫计划。

其四,一套免疫程序和计划在实行一段时间后,需要根据免疫效果对其可行性进行评估,并做适当调整。

13. 如何选择和使用疫苗?

饲养无公害所用的生物制品,应是国家定点生产的、有正式批准文号的产品,不得应用任何中试产品,国外生物制品应注意其是否在农业部注册,只有注册后才被允许使用。不合格的生物制品可造成疾病的感染传播、有害物的残留。

选择疫苗时,首先要考虑当地疫病的流行情况,当地有该病流行或威胁才进行该种疫苗的接种,对当地没有威胁的疾病可以不接种,尤其是毒力强的活疫苗或活菌苗。因为鸡接种后会排毒污染场地,使未经接种或来不及接种的鸡感染发病,而且还会使疾病的血清学诊断复杂化。有专家认为,对于传染性喉气管炎病毒这类即使弱毒株也存在散毒危险的疾病,最好使用灭活疫苗或基因工程疫苗。

流行程度轻的地区可用比较温和的疫苗类型,如新城疫HitchnerB1株和La sota弱毒疫苗,而疫病严重地区则应选择效力较强的疫苗类型,如新城疫Ⅰ系苗。对强毒疫苗(如传染性喉气管炎病毒强毒)应该尽可能避免使用。

其次要考虑疫苗的类型。一般来讲,弱毒活苗可以提供强而持久的免疫力,使用途径多、用量少、成本低,很适合在常规免疫中使用。而灭活苗无毒力残留、制备方便、毒株或菌株之间相互干扰少、受母源抗体和环境条件(如消毒剂)的影响也小,但由于只能采取注射途径,用量大、成本较高,所以普遍用于加强免疫。

另外,对一些不易得到弱毒菌株或疫苗株的病以及突发疫病,也常通过使用自家灭活苗加以控制。用同一种疾病疫苗重复免疫时应按照先活苗后灭活苗,先弱毒苗后强毒苗的顺序安排。如新城疫疫苗先用克隆30弱毒苗,后用Ⅰ系油乳剂灭活苗;传染性支气管炎疫苗先用H120,后用H52等。

日龄不同应选择不同的疫苗,如同为新城疫疫苗,在雏鸡阶段应选择弱毒疫苗,育成阶段可选择中等毒力的疫苗。

再者,要根据免疫计划合理选用多联苗和多价苗。

在疫苗的使用方面,主要应注意以下几方面的问题:

一是必须使用质量可靠的疫苗,应到兽医行政部门批准的兽医生物制品定点经销点购买疫苗。购买时,应认真检查核对疫苗的产品名称、批号、生产日期、有效期、物理性状、贮存条件等是否与说明书相符。对一些无批号、有效期已过、贮存条件不符合要求、物理性状异常、标签模糊不清以及来源不明的非正规疫苗,绝对不可购买,以免影响免疫效果。

二是严格按照生产厂家的疫苗说明或使用手册执行,不要随便改变疫苗标定的保存、使用方法。疫苗的保存、运输应严格按照说明书要求的条件进行,禁止野蛮装卸,运输时防止剧烈磕碰,冻干疫苗严防瓶盖松动失去真空环境,从而降低疫苗的效力甚至失效。疫苗一般需在冷暗环境中运输和保存。冻干苗和湿苗需要在-20℃～0℃(进口冻干苗一般为2℃～8℃)保存;细胞结合型疫苗(如 MDCVI988)应在液氮中保存;灭活苗则需在2℃～15℃保存,并且避免冻结。疫苗在稀释和使用过程中,不得受到阳光的直射或靠近热源。

三是合理稀释与定量。有的疫苗可用生理盐水或蒸馏水稀释,有的疫苗(如马立克氏病细胞苗)须用指定的稀释液。除了饮水和气雾免疫时,可在稀释液中加入 0.1%～0.3%的脱脂乳以保护疫苗外,不要随便加入抗菌(抗病毒)药物或其他物质(如消毒剂),也不要随便将不同疫苗混合接种。稀释疫苗时剂量需准确,并无菌操作。稀释好的疫苗注意冷藏,并在规定时间内尽快用完。

四是做好免疫接种的详细记录(包括疫苗种类、来源、接种方法、操作人员等),以及接种后(一般为7～14天)的效果监测。

14. 免疫接种的方法有哪些?

常用的免疫接种方法包括饮水、滴鼻、点眼、喷雾、注射和刺种等。只要严格按照生产厂家推荐的程序进行,都不会出什么问题。灭活苗只能用注射的方法,而对活苗来讲,可选择的接种途径较多。

(1)饮水免疫法 免疫前48小时和24小时内不准给鸡饮高锰酸钾水及使用其他消毒剂。在实行饮水免疫前,应提前停止供水,冬季饮水免疫前4小时、夏季饮水免疫前2小时,使家禽在饮水免疫前有一定的渴感,确保家禽1小时内能将疫苗稀释液饮完。为保证家禽饮用后充分吸收药物,在饮水免疫后还应停止供水1~2小时。

利用饮水免疫接种时,饮水器应有足够的数量,并保持清洁,不可有消毒剂和洗涤剂等化学药物残留,及可使疫苗灭活的物质,如氯、锌、铜、铁等离子,饮水器皿不能使用金属容器,可用瓷器和无毒塑料容器。容器可反复冲洗干净后,再用凉开水冲洗一遍,确保无消毒剂残留或异物。

饮水免疫的疫苗应保持适当的浓度,一般应高于其他途径免疫用量的2~3倍。保证稀释用水清洁,禁用含漂白粉的自来水,为有效地保护疫苗的效价,用凉开水(蒸馏水或深井水)稀释疫苗后,可在疫苗稀释液中加入0.2%~0.5%的脱脂奶粉混合使用。饮水免疫最好在早晨进行,防止阳光照射使疫苗失效,1小时内让鸡饮完,再过0.5小时方可喂料。此法适合鸡新城疫Ⅱ、Ⅳ系和传染性法氏囊病等弱毒疫苗的接种。

(2)滴鼻点眼法 将500只剂量的疫苗用25毫升生理盐水或蒸馏水稀释摇匀。在滴入疫苗之前,应把鸡的头颈摆成水平的位置(一侧眼鼻朝天,另一侧眼鼻朝地),并用一只手指按住向地面一侧眼鼻,用标准滴管(眼药水塑料瓶也可以)各在鸡的眼、鼻孔滴一滴(约0.05毫升),稍停片刻,待疫苗液确已吸入后再将鸡轻轻放回地面。为减少应激,最好在晚上进行。此法适合雏鸡的鸡新城疫Ⅱ、Ⅲ、Ⅳ系疫苗和传染性支气管炎、传染性喉气管炎等弱毒疫苗的接种。

(3)皮下注射法 注射部位一般选择在鸡颈部背侧、翅膀根部。注射时应捏起皮肤刺入注射,防止伤及鸡颈部血管、神经。马立克氏病等常用的疫苗和血清均采用皮下接种,安全,注射剂量大。

(4)肌内注射法 按每只鸡0.5~1毫升的剂量将疫苗用生理盐水稀释,用注射器(水剂苗用2号针头,油乳剂苗用9号针头)注射胸肌、腿肌内。注射胸部应选中部并倾斜30°刺入,防止垂直刺入伤及内脏;注射腿部应选在大腿内侧或大腿外侧无血管、神经处,顺着腿骨方向刺入,防止刺伤血管、神经,造成跛行;2月龄以上的鸡可以注射翅膀肌肉,选翅根肌肉多的地方注射。进针深度为:雏鸡0.5~1厘米,较大鸡1~2厘米。此法适合鸡新城疫Ⅰ系疫苗、油佐剂苗及禽霍乱弱毒苗或灭活疫苗。

(5)刺种法 将1000只鸡剂量的疫苗,用25毫升生理盐水稀释,充分摇匀后,用笔尖或接种针蘸取疫苗,在鸡翅膀内侧无血管处刺种,20日龄内雏鸡刺1针,大鸡刺2针。刺种后5~7天观察刺种部位,若有小肿块或红斑,表明免疫成功,否则需要重新刺种。此法适合于鸡新城疫Ⅰ系和鸡痘疫苗的接种。

(6)气雾免疫法 喷雾前关闭通风孔,将1000只鸡剂量的疫苗加无菌蒸馏水150~300毫升稀释后,用喷雾器(枪)喷于存养500只鸡的鸡舍空中,通过呼吸进入鸡体内。要求气雾喷射均匀,喷头离鸡头1.5米,喷雾20分钟后再打开通气孔。免疫后须在饲料中加入抗生素,防止发生气囊炎。此法适合鸡新城疫Ⅱ、Ⅲ、Ⅳ系疫苗和传染性支气管炎疫苗的接种。

总之,鸡群免疫接种除保证免疫程序合理、疫苗质量合格、首免时间理想、剂量准确、饲养管理合理等条件外,免疫途径至关重要,免疫途径的选择应以能刺激机体产生良好的免疫应答为原则,应该注射的不能改为饮水,能皮下注射的最好不肌内注射。

15. 免疫接种时应注意哪些问题?

(1)免疫接种前应注意的问题
其一,接种前后给鸡补喂抗应激类药物。免疫接种对鸡是一种应激,这种应激往往表现得非常强烈,如在产蛋期接种疫苗,可能会使产蛋量下降;再如幼鸡感染慢性呼吸道疾病时,若采用点眼、滴鼻接种,可能会导致暴发慢性呼吸道疾病而大批幼鸡死亡。因此,为防范或减轻免疫接种后的应激反应,可在免疫接种前后3天内,给鸡补饲或饮用抗应激类药物,如电解多维、速补或维生素C等。电解多维不可全天饮水,以免造成中毒。

其二,接种前后12小时内,使用活毒疫苗时应注意提前停用消毒剂和抗病毒类药物,使用细菌性弱毒疫苗要提前停用消毒剂和抗生素。否则会严重降低疫苗的效力,甚至影响免疫力的产生。

其三,免疫接种应与断喙、转群错开。三种以上的单独疫苗免疫接种也应尽量不安排在同一天进行,否则,由于家禽的应激反应过大,也可能影响疫苗的效力。

其四,免疫接种应该在鸡群健康状态良好时进行。正在发病的鸡群,除了那些已经证明紧急预防接种有效的疫苗(新城疫Ⅰ系)、高免血清或高免卵黄抗体外,不应进行免疫接种。对感染或患病的家禽应缓注或晚注,慎防因疫苗副作用强烈导致大批家禽死亡。

(2)免疫过程中应注意的问题

其一,疫苗要现配现用,稀释后应存放于阴凉处,并在2小时内用完,否则,存放时间过长将影响疫苗的免疫效果。

其二,免疫接种时应尽量降低室内光线,减轻群体应激,捉鸡时应提其双腿,做到轻提轻放,严禁捉翅膀和脖子,避免因粗暴操作导致鸡只反抗强烈而加重应激反应,甚至出现意外损伤。

其三,采用注射免疫接种时,器械要经高温灭菌处理,注射部位应严格消毒,注射部位要准确,用力要均匀,如注射胸部肌肉时,应将鸡只平卧保定,针头呈30°斜角徐徐刺入,严防用力过猛,使针头深入胸腔和损伤其皮肤。注射完毕后,注射部位和针头均应用酒精棉球擦拭消毒,注射针头应尽可能轮流煮沸消毒后使用,以防交叉感染。

免疫接种结束后,所使用的器械须经高温灭菌处理,剩余的疫苗严禁随处扔放,应采用煮沸的方法进行灭活处理。

其四,注射油乳剂疫苗时,疫苗在使用前应摇匀,气温较低时,应提前将疫苗放在 37℃ 左右的温水中预温,慎防腿部肌内注射导致家禽疼痛剧烈而影响其正常活动。

(3)免疫接种后应注意的问题

其一,免疫接种后要加强对免疫鸡群的饲养管理,降低免疫接种的副反应,注意观察,及时采取措施,应对可能出现的严重反应和合并症。

其二,坚持综合性防疫措施。鸡群免疫接种后,一般需要 5~7 天(油乳剂疫苗需要 10~15 天)方能产生较强的免疫力。如在此期间饲养管理不良,防范措施不力,出现大量强毒侵袭家禽,就有可能造成家禽在尚未完全产生免疫力之前感染强毒,致使免疫失败。另外,病原菌发生突变形成新的毒株,以及新的传染病流行等,均有可能导致鸡群暴发疫病。因此,鸡群免疫接种后并非万事大吉,养殖场内的其他综合性防疫措施,如日常饲养管理、检疫、环境清洁卫生控制、病禽隔离治疗,以及病死家禽的无害化处理、养殖场内出入人员及车辆的消毒等,均应继续坚持,随时防范疫病的流行。

16. 免疫接种失败的原因有哪些?

鸡群经免疫接种后,未达到预期的保护效果,仍发生相应疫病的现象统称为免疫接种失败。

(1)疫苗方面　主要是疫苗过期以及制备不合要求,如抗原含量不足,使用非 SPF 动物及其胚或细胞制苗而导致强毒的混入。其次是运输保管不当造成疫苗的失效。再者,对主要病原诊断不清以及野毒发生变异,出现超强毒株或新血清型,使之前所用的疫苗毒株发挥不了保护作用。

(2)病原方面 对于高度传染的疾病(如新城疫、高致病力禽流感等),只要鸡群中有少数保护力低的鸡只,以及强毒株的存在,就很容易造成该病的暴发和流行。而有些病原(如禽流感病毒、传染性支气管炎病毒、大肠杆菌等)具有变异快、亚型或血清型多的特点,它们在环境的选择压力下,经常通过抗原性、致病性和组织亲嗜性等方面的细微变化,摆脱或部分摆脱传统疫苗株的保护作用。另外,类似寄生虫这种结构复杂、抗原成分多,但免疫原性却较弱的病原,仅靠疫苗来抵抗是远远不够的。

(3)宿主方面 由于群体中每一个体的免疫应答水平不同,倾向于正态分布,所以再好的疫苗,在群体免疫中也不可能达到100%的保护,正常情况下,只能保证大多数鸡的免疫力足以抵抗强毒攻击。群体中这种免疫应答水平的不齐性给了强毒感染以可乘之机,同时也使得后代母源抗体水平不整齐,影响后代的主动免疫。

对雏鸡来讲,免疫系统发育不完善,特别是高水平母源抗体影响,是造成免疫失败的主要原因之一。另外,患有先天性免疫缺陷的鸡,以及因为营养状况不佳(感染传染性法氏囊病,马立克氏病、禽白血病)、生理活动高峰期等因素诱发免疫抑制的鸡群,对疫苗接种很敏感,容易导致某些处于潜伏期或条件性的传染病暴发。因此,免疫接种应该在鸡群健康状态良好时进行。正在发病的鸡群,除了那些已经证明紧急预防接种有效的疫苗(新城疫Ⅰ系疫苗)和高免血清或高免卵黄抗体外,不应进行免疫接种。

(4)人为因素 一方面指饲养管理及卫生消毒工作没有抓好,使得环境中病原污染严重,早期感染严重。另一方面是指免疫接种计划的实施过程中出现疏漏。例如,免疫程序混乱,接种途径选择不当,疫苗稀释差错,接种剂量不准或漏接、错接,以及使用抗生素或消毒剂使疫苗失效、免疫失败等。

17. 如何对养鸡场废弃物无公害化处理?

养鸡场废弃物主要包括:鸡粪和鸡场污水;生产过程及产品加工废弃物,如死胎、蛋壳、羽毛及内脏等残屑;鸡的尸体(主要是因疾病而死亡);废弃的垫料;鸡舍及鸡场散发出的有害气体、灰尘及微生物;饲料加工厂排出的粉尘等。

这些废弃物属于相当大的环境污染源,如果处理不当,不仅会破坏周围的生态环境,也会破坏养鸡场的生态环境,由于环境污染造成的病原微生物的蓄积、重复污染,使养殖场的疾病更难以控制,不得不使用大量药物,造成了药物残留,而且某些人兽共患疾病的载体主要是畜禽粪便及排泄物,这些污染物可直接对人的健康造成损害。因此,应做好鸡场废弃物的无害化处理。

(1)鸡粪的无公害化处理

①直接干燥法 常采用高温快速干燥,又称火力快速干燥,即用高温烘干迅速蒸发鸡粪中水分的处理方法。在干燥的同时,达到杀虫、灭菌、除臭的作用。

②发酵干燥法 利用微生物在有氧条件下生长和繁殖,对鸡粪中的有机和无机物质进行降解和转化,进行发酵,使鸡粪容易被动、植物吸收和利用。由于发酵过程中产生大量热能,使鸡粪升温到60℃以上,再加上太阳能的作用,可使鸡粪中的水分迅速蒸发,并杀死虫卵、病菌,除去臭味,达到既发酵又干燥的目的。

③组合干燥法 即将发酵干燥法与高温快速干燥法相结合。既能利用前者能耗低的优点,又能利用后者不受气候条件的影响。

④厌氧发酵(沼气发酵) 这种方法适用于处理含水量较高的鸡粪。一般经过两个阶段,第一阶段是由各种产酸菌参与发酵液化过程,即复杂的高分子有机质分解成分子量小的物质,主要是分解成一些低级脂肪酸;第二阶段是在第一阶段的基础上,经沼气细菌的作用变换成沼气。沼气细菌为厌氧细菌,所以在沼气发酵过

程中必须在完全密闭的发酵罐中进行,不能有空气进入,沼气发酵所需热量要由外界提供。厌氧发酵产生的沼气可作为居民生活用气,也可以用于烘干沼渣生产肥料。

⑤微波法 应用大功率的微波加热器使鸡粪灭菌干燥。

(2)污水的无公害化处理 除鸡粪以外,养鸡场污水对环境的污染也相当严重。因此,污水处理工程应与养鸡场主建筑同时设计、同时施工、同时运行。

养鸡场的污水来源主要有四条途径:①生活用水;②自然雨水;③饮水器终端排出的水和饮水器中剩余的污水;④洗刷设备及冲洗鸡舍的水。尤其是后两者更应严格处理。

养鸡场污水处理基本方法和污水处理系统多种多样,有沼气处理法、先经过预处理再通过人工湿地分解法、生态处理系统法等,各场可根据本场具体情况选择应用。下面介绍一种处理法,其流程见图1-1。

```
              汇集           排出
鸡场污水 ──集水沉淀池──生物氧化沟(塘)──鱼塘──排放
          │沉淀
     鸡粪等沉淀物──肥田
```

图1-1 养鸡场污水处理流程

全场的污水经各支道汇集到场外的集水沉淀池,经过沉淀,鸡粪等固形物留在池内,污水排到场外的生物氧化沟(塘),污水在氧化沟内缓慢流动,其中的有机物逐渐分解。据测算,氧化沟尾部的污水COD(化学耗氧量)可降至200毫克/升左右,这样的水再排入鱼塘,剩余的有机物经进一步矿化作用,为鱼塘中水生植物提供肥源,此时COD可降至100毫克/升以下,符合污水排放标准。

(3)死鸡的处理 在养鸡生产过程中,由于各种原因使鸡死亡的情况时有发生。如果鸡群暴发某种传染病,则死鸡数会大量增加。这些死鸡若不及时处理或处理不当,尸体很快分解腐败,散发臭气。特别是患传染病死亡的鸡,其病原微生物会污染空气、水源和土壤,造成疾病的传播与蔓延。处理死鸡可采用以下几种方法:

①高温处理法 即将死鸡放入特设的高温锅(5个大气压,150℃)内熬煮;也可用普通大锅,经100℃以上的高温熬煮处理,均可达到彻底消毒的目的。对于一些因患烈性传染病尤其是人兽共患病死亡的鸡,焚烧法不失为一种较好的消毒方法。

②土埋法 这是利用土壤的自净作用使死鸡无害化。采用此法必须遵守卫生防疫要求,即尸坑应远离鸡场、鸡舍、居民点和水源;掩埋深度不小于2米;必要时尸坑内四周应用水泥板等不透水材料砌严;死鸡尸体四周应洒上消毒药剂;尸坑四周最好设栅栏并做上标记;较大的尸坑盖板上还可预留几个孔道,套上PVC管,以便不断向坑内扔死鸡。

③堆肥法 鸡的尸体因体积较小,可以与粪便的堆肥处理同时进行。死鸡与鸡粪进行混合堆肥处理时,一般按1份(重量)死鸡配2份鸡粪和0.1份秸秆的比例较为合适。在发酵室的水泥地面上,先铺上30厘米厚的鸡粪,然后铺一层厚约20厘米的秸秆,最后放死鸡,死鸡层还要加适量的水,以此规律逐层堆放。这是一种需氧性堆肥法,对于患传染病死亡的鸡尸体来说,一般不用此法处理,以保证防疫上的安全。

(4)垫料的处理 肉鸡常在垫料上饲养,清除的垫料实际上是鸡粪与垫料的混合物,其处理可采用如下几种方法:

①窖贮或堆贮 鸡粪和垫料的混合物可以单独地"青贮"。为了使发酵作用良好,混合物的含水量应调至40%,否则鸡粪的黏性过大,会使操作非常困难。混合物在堆贮的第四天至第八天,堆温达到最高峰(可杀死多种细菌),保持若干天后,逐渐与气温平衡。

②直接燃烧 如果鸡粪垫料混合物的含水率在30%以下,就

可以直接燃烧,作为燃料来供热,同时满足本场的热能需要。此法需要专门的燃烧设备。如果养鸡场暴发某种传染病,此时的垫料必须用燃烧法进行处理。

③生产沼气 沼气生产的原理与方法请参见鸡粪的处理。用鸡粪作沼气原料,一般需要加入一定量的植物秸秆以增加碳源,而用鸡粪垫料混合物作沼气原料,由于其中已含有较多的垫草,碳氮比例较为合适,可直接作为沼气原料而不用另加植物秸秆。

《无公害食品肉鸡饲养管理准则》中规定:清除的粪便和垫料可在固定地点进行高温堆肥处理,堆肥池应为混凝土结构,并有房顶。粪便经发酵后应作农业用肥。

18. 如何正确进行药物防治?

根据用药的时机,可将用药分为两类:

一是预防用药。根据鸡场的具体情况,选择添加抗生素或抗寄生虫类药物,有利于抑制体内病原微生物或寄生虫的繁殖,达到防病之目的。在实际应用中,考虑到雏鸡的抵抗力较弱,抗生素常用于1~2周龄的雏鸡,除了预防疾病外,有些药物的促生长效果也较好。可根据鸡场发病的一般规律,预先添加抗生素或抗寄生虫药物进行预防,但为了控制药物残留,避免对人体造成不良影响,除了尽量少用、严格控制剂量外,应该按无公害肉鸡、蛋鸡饲养规定用药的种类和停药期用药。

另外,当鸡群处于应激状态时,机体即动用体内一切能力进行对抗,这样机体对某些营养成分的需求急剧增加,尤其是对维生素的需求量增大,此时机体的抵抗力下降,易于诱发其他疾病。由于现代大型鸡场的规模化程度很高,发生各种应激的因素相应较多,因此,要尽量防止和减少应激的发生。当遇到预防接种、气候突变、饲料变换等引起可能鸡群应激的情况时,要及时补充营养物质,添加高于饲养标准1~2倍的维生素和适量的抗菌药物,以使鸡群尽快适应,减轻应激反应,避免发病。

二是治疗用药。一旦疾病发生时,须立即采取相应的紧急措施,除了必要的隔离、消毒、淘汰外,还应在兽医的指导下,针对病因,有的放矢地选择抗生素、化学合成药物、抗寄生虫药物等进行治疗,促进鸡只恢复健康。应注意的是,药物的使用剂量一定要适当,疗程要充足,以求彻底治愈,避免复发。

无论是预防用药还是治疗用药,都要遵循一定的规律。其一般原则如下:

其一,准确地选择药物。用于治疗家禽疾病的药物有许多,一种病一般也有多种药物可供选择,在实际工作中究竟采用哪一种最为恰当,可根据以下几个方面进行考虑:

药物敏感性:耐药性菌株的产生,使药物减效或无效。所以,在选择药物时,首先应通过药敏试验,选择敏感性好的药物。

药物副作用:有的药物疗效虽好,但毒副作用严重,应慎用或不用,尽量选择毒副作用小、疗效明显的药物。如产蛋鸡发生慢性呼吸道病后,可选择恩诺沙星及泰乐菌素,而不应选择红霉素和链霉素。因为前两者对产蛋影响较小,而后两者对产蛋影响较大。

药物残留:药物会在家禽的体内残留,人若长期食用这类禽产品,会对健康产生各种危害。例如预防和治疗球虫可选用残留少的马杜拉霉素,而少用或禁用残留高的克球粉。

药物性质:有些药物是水溶性的,有些药物是脂溶性的,有些药物则为混悬液。有些药物只能在肠道中起作用,不能进入血液中;而有些药物则可以进入血液中,分布到全身各处发挥作用。有些药物在短期内大量使用才有效,有些药物则需长期使用才有效。因此,在选择药物时,应根据各种药物的性质进行合理选择。

其二,选择合适的给药途径。不同的给药途径,可以影响药物的吸收快慢、吸收量的多少、药物作用的强弱、药效出现时间和维持时间等。

混水给药:即将药物加入饮水中,让鸡只通过饮水获得药物。在混水给药时,应注意:药物必须能溶于水;药物的浓度要准确;要有充足的饮水槽或饮水器,以保证每只鸡在规定的时间内都能喝到足够量的水;饮水槽或饮水器必须清洁;饮水必须清洁卫生,不得含有对药物质量有影响的物质;饮水前要断水一定时间,夏天1~2小时,冬天3~4小时,让鸡产生渴感;加入药物的饮水必须在规定的时间内饮完,否则会影响药效。

混饲给药:即将药物加入饲料中,让鸡只通过采食获得药物。在混饲给药时,应注意:药物浓度要准确;药物与饲料必须混合均匀;饲料中不得含有对药效有影响的物质;饲槽必须清洁干净;加入药物的饲料要在规定的时间内喂完。

注意鸡的性别、年龄、体重和体质状况的差异。一般来说,母鸡比公鸡对药物的敏感性强,幼龄鸡比成年鸡对药物的敏感性高;体重大的鸡只比体重小的对药物的耐受性强;体质状况强的鸡只较体质弱的对药物的耐受性强。

19. 家禽用药应注意哪些问题?

(1)准确计算药物剂量 混于饲料或溶于饮水的药物浓度常以克/吨表示。饮水时,若药物为液体,则以体积比计算。

将药物加入饲料或饮水前,应根据药物的规定使用浓度,计算药物的准确剂量,然后加入饲料或饮水中搅拌均匀,不可随意加大剂量。

(2)谨慎试用新药 对于养鸡场以前从未使用过的药物,首次使用时,应先进行小群试验,证明确实有效、安全、无害后,再大群应用,以免浪费药物或导致家禽药物中毒。

(3)先确诊后用药,切忌滥用药 根据疾病的性质,选用敏感的药物,有条件的可以通过药敏试验选择药物,而不应盲目滥用抗菌药物。

(4)注意合理配伍用药　两种或两种以上的药物合并应用时，可以产生相互影响，合并应用后作用增加或增强称为协同作用，作用抵消或变弱的称为拮抗作用。因此，必须了解药物合并应用的效果，注意配伍禁忌的问题，合理选择和配合使用药物。

家禽发生疾病后，能用一种药就不用多种；如果是混合感染或继发感染，应慎重选择两种或两种以上的药物，避免药物之间发生拮抗或毒性反应。

(5)用药时间不可过长　用药物预防治疗家禽疾病时，应按疗程用药，一般性药物5～7天，毒性较大的药物3～4天，如需继续用药，须间隔1～2天再用。切不可长时间用药，以防药物在体内积累而引起蓄积性中毒。

(6)交替用药　多数病原微生物和原虫易形成耐药性，所以用药时间不可过长，且应与其他药物交替使用，以免形成耐药性。

以下为肉鸡饲养期间常见疫病的无公害药物预防程序，仅供参考：

1～3日龄，每升饮水中加入葡萄糖20克，速溶多维、电解多维2克，酒石酸泰乐菌素0.5克，以利于排出胎粪，补充体力，预防慢性呼吸道病。

4～8日龄，土霉素、硫酸黏杆菌素、甲磺酸达氟沙星、牛至油等任选一种拌料，连用5～7天，预防鸡白痢。

15日龄开始，选用百球清、球痢灵、莫能霉素、盐霉素等几种抗球虫药交替使用，预防球虫病。使用杆菌肽锌、硫酸黏杆菌素、盐酸沙拉沙星、酒石酸泰乐菌素等预防大肠杆菌病。

20. 如何控制兽药残留？

一是科学用药。严禁使用禁用药物，如氯霉素、喹乙醇、呋喃唑酮等。严格遵守无公害食品肉鸡、蛋鸡饲养兽药使用准则中规定的用药量、用法和休药期，不随意加大用量，改变某些终身用药的方法为阶段适时用药,选用与人类用药无交叉耐药性的禽类专用药物。

二是切实执行休药期标准。这是控制兽药残留的重要措施,休药期随药物的种类、制剂的形式、用药的剂量、给药的途径等不同而有差异,一般约为几小时、几天到几周,这与药物在动物体内的消除率和残留量有关。多选用无屠宰前休药期的药物,禁止出售在休药期内患病急宰的动物。

三是推广使用抗生素替代品,例如微生态制剂、中成药,减少抗生素和合成药的使用。

第二章　鸡病诊断技术

21. 鸡病的诊断方法有哪些?

对家禽疾病进行有效防治的关键首先是快速准确地诊断疾病,弄清致病因子。鸡病的诊断方法主要分 3 种:

(1)流行病学诊断　了解鸡群的发病情况、病史、防疫措施、饲料的质量、卫生情况等。在疫情调查的基础上做出诊断。

(2)临床诊断　指利用人的感官或借助一些最简单的器械如体温计、解剖器械等直接对病畜进行检查。对鸡群、病鸡和死鸡分别做群体和个体检查,特别是对鸡群整体状态的观察,对确诊疾病具有一定的意义。

临床诊断对有特征性临诊症状和病变疾病的典型病例比较好诊断,至少可以提供线索,但应注意对资料全面分析,不要以偏概全。

(3)实验室诊断　根据流行病学诊断和临床诊断,再综合分析,一般可得出初步诊断结果。

但是很多情况下出现以下 3 种现象:①通过疾病调查和临床检查获得的临床资料可能是零散的、粗放的,缺乏特征性;②某些疾病或在某一时间段,其症状和剖检变化可能不明显;③多种病原体或其他致病因素协同作用,可能是并发或继发疾病,这些都给正确的诊断带来难度。此时可在上述诊断的基础上,选择合适的实验室诊断方法,进一步确诊。在一般情况下,鸡的许多疾病(如各种传染性疾病、寄生虫病等)的确诊必须通过实验室诊断来完成。

在我国,多数中小型鸡场和养鸡户没有实验室或实验室条件不够完善,技术人员实验室操作技能较差,维持实验室正常工作的费用较高。必要的时候可以将病料送到有条件的单位进行实验室诊断。

22. 鸡病问诊的内容有哪些?

(1)鸡群饲养管理情况 了解饲养员过去是否喂过鸡,成活率高低,必须考虑是否由于饲养水平不高而导致疾病。调查鸡群的品种、年龄、数量、引进时间和渠道,饲料来源、配比、饲喂方式,鸡的饮食、生长、产蛋和种蛋的受精率、孵化率情况。鸡群发病前有无应激发生,如饲料配方的调整、分群或转群、舍内温度的变化、噪声、免疫接种、断喙以及气候变化等,这些应激因素一方面可能影响鸡群的生长和产蛋,另一方面会造成鸡的抵抗力下降,可能诱发或导致疾病的发生和病情加重。

(2)环境影响 了解鸡舍、养鸡设备和用具,以及气候、喂料、饮水、通风、阳光、湿度、温度、光照、季节、运动和卫生等方面,在鸡发病前后有哪些变化,现在还存在哪些不合理因素。

(3)饲料营养 了解喂鸡的饲料种类有哪些,是否单一,植物性饲料、动物性饲料和矿物质饲料的相互搭配比例是否妥当,是否添加维生素和微量元素,使用多久,添加方法如何,粗蛋白质、粗纤维、代谢能和钙磷比例是否符合不同品种类型和大小鸡的日粮营养标准。总之,许多疾病的发生都与饲料有关,应考虑是否有发生营养性疾病的可能。

(4)发病日龄及性别 了解患病的鸡何时入栏饲养,什么时候开始发病,确定鸡的发病日龄。不同日龄的鸡常发生的疾病种类也不一样,如刚出壳的雏鸡容易受凉、冻死,或因脐炎而死亡,15~45日龄又多发生球虫病、霉形体病、传染性法氏囊病等。但也有一些病不论品种和大小都可能发病,如鸡新城疫、鸡痘、维生素 A 缺乏症等。

(5)患病经过天数 了解鸡发病已多少天,死亡数是多少。根据患病时间和死亡率情况可区别是急性还是慢性疾病。

(6)症状 了解饲养员怎样发现鸡已经患病,鸡的姿态、食欲、饮欲、粪便、体温、运动等有些什么变化。如果发病急,死亡率高,很可能是急性传染病或急性中毒,传染病流行初期多见于体质衰弱和幼小的鸡,中毒初期多见于体格健壮能抢食的鸡,急性传染病鸡的体温往往升高,中毒病鸡一般体温正常或稍低。

(7)治疗效果 了解鸡发病后用过哪些药物治疗,这对断定病情和病性,建立治疗方案,合理选择药物具有参考意义。

(8)免疫情况 了解患病的鸡群是从哪个鸡场购进的,何时接种过哪种疫苗(菌苗);疫苗(菌苗)是从何处购进的,有无标签或说明书,是单价苗还是多价苗,有效期多长,运输、贮藏、保管条件如何,对以上分析可以知道鸡是否获得可靠免疫力。

(9)传染性 了解附近鸡场的鸡,特别是来源和日龄相同的鸡有无死亡;如有死亡,临床症状和病理变化是否一致。了解有无类似的鸡病发生,尤其对传染病或中毒性病的诊断很有帮助。

23. 鸡病视诊的内容有哪些?

(1)鸡群分布 如果雏鸡舍温度较高,则鸡远离保温伞,夜间多睡在周围,大多数鸡的头朝外,而尾部朝热源,并且时而有鸡从里向外活动。如果温度偏低,鸡就紧围着热源甚至拥向热源,鸡踩着鸡形成小山状,体弱和病鸡多因机械挤压而死,夜间鸡群叫声不断。

(2)精神状态 健康鸡群整体活泼,抢食争饮,反应敏锐,两眼圆睁;采食后,四处活动,卧地休息或展翅,很有精神;羽毛润泽光亮,颜面红润,鸡冠红而直立,脚爪光润,腹下无污,肛门周围清洁。而病鸡往往惊而不动,反应迟钝,低头垂翅,缩颈闭目打瞌睡,食欲不振或废绝,采食时躲在一边;羽毛松乱,干枯无光泽,颜面苍白,冠髯无华,体小瘦弱,腿爪干瘪,腹下、肛门沾满污物,个体大小明显不均等。

(3)场地和垫料 主要观察粪便颜色、形状和数量是否正常,地面和垫料是否潮湿。粪便情况能反映出鸡群的疫病,特别是对消化系统疾病很有诊断价值。正常鸡粪应为软硬适中的堆状或条状物,上面覆盖少量的白色尿酸盐沉淀物。传染性疾病发热期的粪便先稀而绿,如新城疫、马立克氏病、禽脑脊髓炎、禽霍乱、传染性支气管炎等。患球虫病、传染性法氏囊病的鸡的粪便多呈黄色、白色;患组织滴虫病鸡的粪便呈硫黄色,而患盲肠球虫病鸡的粪便则呈红色、棕色;患中毒和小肠球虫病鸡的粪便则呈腹泻状淡黄色。传染病初期,鸡粪多是稀的,患伤寒、副伤寒、大肠杆菌病的鸡常有不自主的腹泻,有白色的尿酸黏附肛门周围的羽毛。患病鸡体温升高或发生中毒时,鸡只口渴,往往饮水量增加,尿的排泄量随着增加,地面和垫料显得很潮湿。

(4)饲料 如果饲料发霉变质,鸡很可能感染曲霉菌病和黄曲霉素中毒等病。

(5)病鸡和鸡死后的所在地点 凡体温升高的病鸡多围聚在饮水器周围或水沟边。患急性或最急性病死亡的产蛋鸡多死亡在产蛋箱内。中毒而呈神经兴奋症状的病鸡,死亡往往分散在鸡舍的四处。由于慢性疾病引起死亡的鸡,多死在避风处、角落里或被挤压而死。

(6)产蛋系数 鸡正常的产蛋系数包括蛋重、含水量、蛋壳的颜色变化、蛋壳的厚薄、蛋壳表面的光滑程度。如果出现软壳蛋、薄壳蛋,褐壳鸡产白色蛋,产蛋率非正常下降的,均属生病的状态。另外饮水不足、维生素配量不够,也会影响产蛋系数。

(7)啄癖 若出现啄癖,主要是由于营养不良或由于光线太强、饲喂量不足并且间隔时间不均所致,应立即采取相应措施,并进行断喙,在鸡啄伤处涂暗色药物。

(8)消毒防疫设施和制度 建立和完善科学的消毒防疫设施和制度,并且持之以恒地执行,是防控传染病的重要措施。

24. 鸡病嗅诊的内容有哪些?

(1)腥臭味 主要是由于患鸡的呼吸道感染、腹部感染或严重下痢所引起的,如传染性鼻炎、脐炎、新城疫、球虫病、鸡白痢、禽霍乱等。

(2)酸臭味 在天气炎热季节应注意是否由于饲料槽内饲料过剩发馊,或者由于饮水里有许多饲料残渣而变得酸臭。鸡患嗉囊炎、肌胃阻塞时,嗉囊内往往积食、充满水和气体而不消化,也会散发出一股酸臭味。

(3)氨味 由于鸡舍通风条件不好,湿度增加,清除垫料和粪便不及时等原因,可嗅到一股刺激性氨味。氨是粪便发酵后产生出来的,空气中氨浓度偏高会削弱鸡群的免疫力,容易发生呼吸道疾病,如鸡肺部水肿、充血,眼角膜和结膜充血发红等,也可增加新城疫的感染率。

(4)臭蛋味 当鸡采食富含蛋白质的饲料而又消化不良时,可由肠道排出一种臭鸡蛋味的气体;在产蛋鸡鸡舍中,由于蛋破损后没有及时清理,也可能产生硫化氢气体,其对眼和呼吸道黏膜有刺激作用,长时间受到硫化氢轻微的影响,也能使鸡的体质变弱,极易得病。

25. 鸡病听诊的内容有哪些?

(1)听叫声 鸡具有独特的叫声,公鸡、母鸡和雏鸡的声音各不相同,病鸡的叫声更为特殊,例如,小鸡着凉以后,挤成一团,常发出"唧唧"的尖叫声;患鸡白痢的雏鸡,因黄白色糊状稀便堵住泄殖腔使粪便排不出来,常发出"吱吱"的痛苦叫声;母鸡大蛋难产,阻塞输卵管下部引起阵痛,常发出尖锐叫声;患新城疫的鸡呼吸困难,张口喘气,常有"咯咯"的叫声;白喉型鸡痘病鸡因假膜逐渐增大,堵住咽喉,导致呼吸困难、无法采食,常张口喘气,并发出"咕咕"的声音;鸡曲霉菌病病鸡常发出"嘎嘎"的声音。

(2)听咳嗽　咳嗽是上呼吸道和肺发生炎症时出现的一种症状,常见于传染性鼻炎、支原体病、传染性喉气管炎、禽流感、传染性支气管炎等。

(3)听呼吸音　用耳朵靠近病鸡的胸部有时可听到啰音,啰音分为两种:一种为湿性啰音,发出声似水泡音,一种为干性啰音,其声好似哨音。听到湿性啰音的主要有传染性喉气管炎、禽霍乱等,听到干性啰音的主要有慢性呼吸道病和传染性鼻炎等。

26. 病鸡的个体检查主要有哪些内容?

(1)姿势　正常鸡站卧自然,行动自如,无异常动作。病鸡转圈行走或倒退向后走,头颈歪向一侧或向后背,可能是鸡新城疫;步态不稳,跌跌撞撞,一边走一边扑棱翅膀,可能是鸡脑脊髓炎;运动不协调,头向后或歪向一侧,转圈运动或经常摔倒,常见于维生素 E-硒缺乏症;不能站立,头向后仰,坐在自己的腿上,呈观星状,多见于维生素 B_1 缺乏症;肛门潮湿,经常回头啄自己肛门周围的羽毛,可能是鸡传染性法氏囊病的先兆症状;蹲伏地面或栖架之上,头颈前伸用力张口吸气,则为喉气管炎。

(2)羽毛　健康鸡羽毛鲜艳有光泽。有病时羽毛竖立,容易被污染,但高产母鸡羽毛也较凌乱。羽毛松乱,翅膀、尾巴下垂,体温高,多见于急性传染病,如新城疫、禽霍乱、伤寒等。羽毛松乱,冠发白,体质瘦弱,多见于慢性病如鸡白痢、结核病、球虫病、蛔虫病等。小鸡羽毛生长不良,体态蓬松粗糙,常见于烟酸缺乏症。羽毛中无色素沉着,产生白色羽毛,可能缺乏叶酸。皮肤发炎,羽变脆、脱落,患部发痒而啄食自身羽毛,多见于体外寄生虫病如鸡膝螨、鸡羽虱。

(3)皮肤 健康鸡的鸡冠细致而温暖,病鸡的鸡冠可能发热或发凉。温度升高多见于中暑或传染病;温度偏低见于休克或临近死亡的鸡。病鸡的鸡冠表面有凸起的痘粒或大小不等的结节,多见于鸡痘。

冠和髯变成青紫色或紫黑色,一般是急性传染病,如鸡新城疫、禽霍乱等。冠小萎缩,苍白而粗糙,可能是慢性病,如马立克氏病、禽白血病,也可能是营养不良性疾病或停产鸡;冠大而苍白,上有薄片状白色皮屑,并且伴有产蛋量下降,可能是脂肪肝;面部皮肤呈紫蓝色或黑色,可见于盲肠炎(黑头病);冠小红艳,冠尖发黑,其余都正常,可能是缺乏饮水。

正常皮肤松而薄,易与肌肉分离,表面光滑。从头颈部、体躯和腹下等部位的羽毛用手逆翻,查检皮肤色泽及有无坏死、溃疡、结痂、肿胀、肿瘤结节、外伤等,皮肤上有大小不一、数量不等的硬结,常见于马立克氏病;如果冠、髯、眼皮产生灰白色小结节,以后形成棕褐色粗糙的结痂,突出于表面,在身体少毛处的皮肤表面出现大小数量不等、凹凸不平的黑褐色结痂,多见于皮肤性鸡痘病;胸腹和两腿内侧皮下水肿青紫,皮肤溃烂,常见于葡萄球菌病;膝脓肿、皮下水肿,常见于绿脓杆菌病。皮下组织水肿,如呈胶冻样者,常见于食盐中毒;如内有暗紫色液体,则常见于维生素 E 缺乏症。

病鸡脚鳞片有白色痂片,皮肤增厚、粗糙有鳞屑,常见于鸡疥癣病;两小腿鳞片翘起,爪部肿大,外部像有一层石灰质,多见于鸡突变膝螨病。

(4)天然孔 正常鸡眼大有神,周围干净。瞳孔圆形,反应灵敏,虹膜边界清晰。眼睛怕光流泪,结膜发炎,可见于鸡传染性鼻炎、喉气管炎;结膜囊内有豆腐渣样物,角膜穿孔失明,可见于维生素 A 缺乏症;眼睑常被眼眵黏住,眼边有颗粒状小痂块,常见于泛酸缺乏症;眼部肿胀,可见于鸡痘、慢性呼吸道病。眼白混浊、失明,可能是副伤寒、脑脊髓炎的后遗症;瞳孔变成椭圆形、梨子形、圆锯形,或边缘不齐,虹膜灰白色,常见于马立克氏病;一侧或双侧眼睑肿胀、黏合,眼睛突出成"凸眼金鱼"样,为支原体病。

正常鸡的口腔和鼻孔干净,无分泌物和饲料附着。以手轻轻挤压鼻孔和眼窝下窦,可能流出黏液或豆渣样物,多为传染性鼻炎、慢性呼吸道病、鸡曲霉菌病、传染性喉气管炎、维生素A缺乏症等。病鸡口、鼻有大量黏液,经常晃头,想甩出黏液,可能是鸡新城疫。鼻孔流出混有泡沫的黏液,呼吸急促,多见于禽霍乱。病鸡咳嗽、流鼻涕,鼻腔有分泌物,多见于传染性鼻炎、传染性支气管炎、慢性呼吸道病。呼吸困难、喘息、咳出血色的黏液,可能是传染性喉气管炎。

泄殖腔有无粪便粘连、污染,有无外翻等;用手将泄殖腔翻开,检查黏膜有无充血、出血、坏死和溃疡等。鸡新城疫泄殖腔常有出血和坏死病灶。有的母鸡可能发生脱肛,应及时整复。

(5)嗉囊 用手指触摸嗉囊内容物的数量及性质。倒提鸡只,观察口腔内有无黏液流出,注意流出黏液的气味等。

嗉囊内食物不多,常见于发生疾病或饲料适口性不好。内容物稀软,积液、积气,常见于慢性消化不良。单纯性嗉囊积液、积气是鸡高烧的表现或唾液腺神经麻痹的缘故。嗉囊梗阻时,内容物多而硬,弹性小。嗉囊过度膨大或下垂,是嗉囊神经麻痹或嗉囊本身机能失调引起的。嗉囊空虚,是重病末期的象征。压迫嗉囊时,从口腔流出污黄色的液体,并带酸臭味,多为软嗉病。

(6)腹部 触摸腹下部,检查腹部温度、软硬等。健康鸡的腹部柔软宽大,病鸡的腹部可能摸到体表脓疮、肠道肿块或肝脏部结节等。腹部异常膨大而下垂,有高热、痛感,是卵黄性腹膜炎的初期;触有波动,用注射器穿刺,可抽出多量淡黄色或深灰色并带有腥臭味的浑浊液体,则是卵黄性腹膜炎中后期的表现。腹部蜷缩、发凉、干燥而无弹性,常见于白痢病、体内寄生虫病。

(7)下肢　鸡腿负荷较重,患病时变化也较明显。关节肿大,行走困难,跛行,可见于病毒性关节炎、痛风等;腿麻痹、无痛感,两腿呈劈叉姿势,可见于鸡马立克氏病;病初跛行,既而蹲着,大腿易骨折,可见于葡萄球菌感染;关节肿胀有压痛,跛行或不愿行走,常蹲坐在自己两腿上,多于软骨症;腿部弯曲,膝关节肿胀变形,有擦伤,不能站立,或者拖着一条腿走路,多见于锰和胆碱缺乏症;足趾向内卷曲,不能伸张,不能行走,多见于维生素 B_2 缺乏症。

膝关节肿大或变长,骨质变软,常见于佝偻病,跖骨显著增厚粗大、骨质坚硬,常见于所谓"骨短粗症"的维生素 B_3、维生素 B_{11}、维生素 PP 缺乏症和白血病等。跖骨弯曲或扭曲、跛行,俗称"曲腱病",常见于维生素 PP、胆碱或锰缺乏症。趾关节肿大 5~10 倍,表面有凹凸不平的突起,内有尿酸盐沉积,是关节型痛风的特征。

注意观察掌枕和爪枕体积的大小及周围组织有无创伤、化脓等。爪枕上有米粒至黄豆大小的结痂或溃疡,掌枕深部或爪心间组织增生、坚实或肿胀、化脓,常见于因机械性损伤而由化脓杆菌、坏死杆菌或葡萄球菌所引起的化脓症。

27. 剖检前需要做哪些准备工作?

其一,了解病鸡发病情况,如临床症状、流行特点、饲养管理等。剖检鸡最好在死前或濒死期进行,死亡时间夏季不宜超过 6 小时,冬季尸体勿放置在室外冻结。剖检应在专用解剖室或者远离居民区、牧场、水源、道路的地方进行,以防止病原体的传播。刚死亡暂不能剖检的,应密封存于 4℃冰箱内。

其二,准备好消毒药、乳胶手套及手术刀、手术剪、骨剪、镊子等有关器械。如需采病料,还要准备灭菌的容器。

其三,尽量选取典型活鸡或有代表性的、刚死的病鸡。剖检时,最好多剖检几只鸡,以便寻找出共同的病理变化。

其四,剖检时应做好记录,内容一般包括鸡的品种、性别、日龄、死亡日期、剖检日期、外观检查内容和病理剖检内容等。

其五,剖检后的病鸡尸体要进行焚烧或深埋,剖检用过的器具及污染的地面要进行消毒处理。

28. 正确的剖检程序是什么?

首先,处死需剖检的活鸡,可用带 18 号针头的注射器,从病鸡胸口把针头插入到心脏 3~4 厘米处,注入空气 10~20 毫升,或在病鸡枕寰关节处使头与关节断离;也可颈侧动脉放血,但这种方法会影响血液循环障碍的检查。

在剖检死鸡之前,详细检查尸体的外部变化。包括:①体况。肥瘦与羽毛状况。②面部。冠髯,注意皮肤颜色,有无痘痂,肉髯是否肿胀。③眼睛。瞳孔形状,虹膜色泽,眼部是否肿胀,眼睑内有无干酪样物蓄积。④口与鼻。有无分泌物,喉部黏膜上有无假膜。⑤肛门。泄殖腔有无炎症、坏死等。

剖检时先用自来水打湿鸡毛或者用 2%~5%来苏尔溶液浸泡尸体,再进行剖检。先将颈部拉直,背位仰卧。将腹部与两侧大腿之间的疏松皮肤纵直切开,用力压两大腿,使尸体平稳固定,再将胸部皮肤横切与两侧大腿的竖切相连,然后将皮肤向前剥离到头部,使皮肤组织和肌肉充分暴露,检查是否有病变。

皮下检查完毕,就可切开腹腔。在后腹部(龙骨与肛门间)做一横切线切开腹壁,延伸至腹的两侧,再从腹壁两侧沿肋骨关节向前将肋骨和胸肌剪开,一直把喙突和锁骨剪断为止。最后把整个胸壁翻向头部,整个胸腔和腹腔器官都清楚显露出来。体腔打开后,先检查胸腹腔器官的位置、大小是否正常,有无胸腹水、渗出物、血液。然后,在食管末端剪断,在紧靠肠管处剪去肠系膜,取出整个胃肠道。原位不动检查肾脏、卵巢、输卵管是否有异常,再原位检查心脏和肺脏及胸腹气囊是否正常。

最后进行内部检查。先从食管切口处将腺胃、肌胃及肠管剪开,进行炎症、渗出物、寄生虫等检查。然后根据一定顺序把气管取出,逐一检查其病理变化。检查坐骨神经时,可剪去大腿内侧的肌肉使之暴露。

对脑进行检查时,可先暴露脑组织。其方法是先在枕寰关节处分离头部,剥离颅骨皮肤并将其前翻,然后捏住位于头两侧通向颅腔的头骨,用骨钳或外科剪的前端,从枕骨大孔开始,向前从两侧向位于颅腔前缘的中点剪开,取下剪掉的颅骨,脑组织便暴露出来。

如果原来没有采取血样,并且标本是在剖检前刚刚杀死的,可心脏穿刺采血。

29. 剖检的检查重点是什么?

(1)皮下组织及肌肉变化　检查重点是皮下组织及肌肉水肿,颜色及出血情况。腹部皮下有绿色水肿液,多是缺硒的表现,缺硒有时也出现皮下脂肪出血、肌肉出血、胸肌上有白色条纹等病变。胸部皮下组织和肌肉出血,可见于黄曲霉毒素中毒;急性禽霍乱有时可见到皮下组织和脂肪有小出血点,鸡传染性法氏囊病也有肌肉出血变化。皮下脂肪含量少,病鸡极度消瘦,见于慢性消耗性疾病;皮下脂肪有小点出血,可见于败血症。皮下出现水肿、出血、充血、坏死,羽毛脱落为葡萄球菌病的常见病变。此外,肌肉出血还常见于磺胺类药物中毒、包涵体肝炎等。

(2)腹腔变化　检查重点是腹腔中腹水、血液渗出物等的数量和性状。腹腔中积存血液或凝血块,常见于慢性鸡白痢、脂肪肝等。腹腔中有破碎的鸡蛋黄,或在内脏表面附有淡黄色黏稠的渗出物,多见于大肠杆菌、慢性鸡白痢、禽霍乱及输卵管破裂等。腹腔及内脏器官表面有石灰样的物质沉着,可能是痛风。胸腹腔中有针头及小米粒大小的灰白或淡黄色结节,可见于黄曲霉菌病。胸腹膜有出血点,可见于败血症。雏鸡腹腔内有大量黄绿色渗出液,常见于硒-维生素 E 缺乏症。

(3)肠胃变化 检查重点是胃肠道黏膜,内容物的变化及寄生虫等。腺胃乳头出血,肌胃角质膜下出血,腺胃与肌胃交界处溃疡,是鸡新城疫的特征性病变。小肠黏膜深红色,有出血点,表面有多量黏性渗出物,常见于急性禽霍乱、新城疫等。盲肠肿大,肠壁黏膜深红色,肠腔中含有血液或血色内容物,多见于鸡球虫病。盲肠壁肥厚,内含黄色豆腐渣样的物质,可能是鸡盲肠肝炎。盲肠扁桃体肿大出血,可见于鸡新城疫。法氏囊肿大,黏膜出血,内有污黄色豆腐渣样物,多见于鸡传染性法氏囊病。

(4)肝脾变化 检查重点是体积大小、软硬、颜色,有无出血、肿大、坏死灶等。肝包膜肥厚并有渗出物附着,可见于大肠杆菌病。肝、脾肿大,色泽变浅,表面有灰白色斑纹或肿瘤结节,常见于马立克氏病和白血病。肝肿大,表面有灰白色小斑点,可见于急性禽霍乱、鸡伤寒等。肝脏肿大,充血变红,有灰黄色条纹,或呈土黄色,见于雏鸡白痢、副伤寒等。肝脏肿大,呈铜绿色,多见于慢性鸡伤寒。肝脏表面有溃疡,而且边缘隆起,常见于鸡盲肠肝炎。肝黄色硬化,表面粗糙不平,可见于黄曲霉毒素中毒。肝肿大,颜色为灰黄色或红黄色为脂肪肝的表现。

(5)心脏变化 检查重点是心脏内外颜色,有无肿瘤,心包液多少和有无粘连。心内外膜、心冠脂肪有出血斑点,常见于急性禽霍乱、新城疫等。心冠脂肪组织变成透明的胶冻样,常见于马立克氏病、白血病、慢性鸡副伤寒和寄生虫病。心包内积存大量淡黄色液体,混有片状凝块,可见于禽霍乱、鸡伤寒等。心脏变形,有肿瘤结节,常见于马立克氏病。心包腔内有白色渗出物,心外膜有纤维素性渗出物附着,有时使心外膜和心包粘连在一起,可见于大肠杆菌病、沙门氏菌病、支原体病等。心冠脂肪有出血点或出血斑,可见于许多急性传染病,如禽霍乱、禽流感、新城疫、鸡伤寒等。

(6)呼吸道变化　鼻腔内渗出物增多,见于传染性鼻炎、支原体病、禽霍乱、禽流感等。气管内有假膜,可见于黏膜型鸡痘。如气管内有多量干酪样渗出物,可见于新城疫、传染性喉气管炎、传染性鼻炎、支原体病等;气管内黏液增多,管壁增厚,也见于上述几种传染病。检查肺脏时,如发现大面积肿瘤病变,可能为马立克氏病或淋巴性白血病。雏鸡肺脏上有黄色小结节,可见于曲霉菌性肺炎。检查气囊时,气囊变厚,浑浊并有干酪样渗出物,可见于传染性喉气管炎、传染性鼻炎、传染性支气管炎、新城疫等。如气囊上附有纤维素性渗出物,常见于大肠杆菌病。

(7)消化道变化　在口腔、食管和咽部有粟粒大黄白色脓疱状小结节,多为维生素A缺乏症。腺胃乳头充血、出血,腺胃与肌胃交界处出血,多见于新城疫和传染性法氏囊病。如肌胃发生萎缩,多见于慢性疾病及日粮中缺乏粗饲料。小肠黏膜出血,见于鸡球虫病、新城疫、禽霍乱、禽流感、中毒等。盲肠扁桃体有出血、肿胀、溃疡,多见于新城疫和传染性法氏囊病。如果1～3月龄鸡仅见十二指肠、空肠前段的肠黏膜出血,没有其他病变,应考虑小肠球虫病。如果肠浆膜上有肉芽肿,常见于慢性结核、大肠杆菌病、马立克氏病等。

(8)生殖系统变化　主要检查卵巢、输卵管、睾丸的病变。卵泡变形、出血、发绿、坏死、萎缩、破裂,多见于大肠杆菌病和雏鸡鸡白痢。输卵管萎缩见于产蛋下降综合征和传染性支气管炎。睾丸肿大增生多见于马立克氏病和淋巴性白血病。

(9)法氏囊变化　法氏囊正常时为白色,内有少量黏液。当发生传染性法氏囊病时,法氏囊早期水肿、出血、坏死,后期发生萎缩。如果泄殖腔黏膜充血、出血,多见于传染性法氏囊病和新城疫。

(10)神经系统变化　小脑软化、出血,多见于幼雏的维生素E

缺乏症。在检查神经时,如病侧神经比正常侧的神经粗 2～3 倍,颜色发黄,横纹消失,可能是马立克氏病,马立克氏病的神经病变主要见于坐骨神经和臂神经。

30. 表现呼吸道症状的疾病有哪些?

(1)病毒病 包括新城疫、禽流感、传染性支气管炎、鸡痘、传染性喉气管炎等。病毒性的呼吸道疾病可通过调查防疫程序,观察临床症状、剖检变化做出临床诊断;如新城疫的腺胃乳头出血,十二指肠枣核状溃疡,卵黄蒂前后的溃疡变化等;非典型禽流感的生殖系统炎症及轻微的呼吸道症状;鸡痘的典型疱疹变化;传染性支气管炎有支气管的炎症;传染性喉气管炎的喉头和气管的上1/3出血等。

(2)细菌病 包括传染性鼻炎、鸡败血霉形体病、鸡霍乱、鸡大肠杆菌病等。传染性鼻炎主要表现为前期鼻孔粘料,颜面部肿胀;鸡毒支原体病无明显的饮、食欲变化,特征性症状是当鸡受刺激后头部仰起,左右摇动;鸡霍乱表现排绿色稀便,鸡冠变紫,肉垂肿胀,肝有坏死点;鸡大肠杆菌病表现气囊炎、眼炎、肝周炎、心包炎、大肠杆菌肉芽肿等。

(3)寄生虫病 鸡隐孢子虫病、住白细胞虫病等。鸡隐孢子虫病表现气管黏膜高低不平,黏液内可检出虫体;住白细胞虫病表现咯血,排绿色或血样稀便。

(4)真菌病 曲霉菌病在气囊上可见特殊形态的霉斑。

(5)营养病 维生素 A 缺乏时表现气管黏膜角质化,同时可见眼部及其他部位的变化。

(6)中毒病 一氧化碳中毒有通风不良的环境,血色鲜红等;氨气中毒的环境里有强烈的氨味。

31. 表现腹泻症状的疾病有哪些？

鸡相对于哺乳动物来讲有其特殊的生理构造,即其尿道和肠道同开口于泄殖腔,其排泄物通过肛门一同排出体外,所以鸡的粪便实际包括了粪、尿两部分,据此将鸡的腹泻分为四类:

(1)肠道问题造成的腹泻　此类腹泻又可称为感染性腹泻,其特点是,生物性病原,粪便具有不同的颜色,如绿、黄、红、白等,而且粪便有一定的均匀度、黏度和弹性,其又可分为四类:

①病毒性腹泻　包括新城疫、禽流感、马立克氏病等。除腹泻外多具有其他特异性的症状或剖检变化。新城疫的腺胃乳头出血,十二指肠枣核状溃疡,卵黄蒂前后的溃疡变化等;非典型禽流感的生殖系统炎症,轻微的呼吸道症状,产蛋率大幅度下降等,马立克氏病还有肿瘤病变。

②细菌性腹泻　包括鸡霍乱、鸡白痢、鸡伤寒、鸡副伤寒、鸡亚利桑那菌病、鸡大肠杆菌病、坏死性肠炎等。细菌性腹泻的疾病很多,但是每种病各有其特殊的流行病学、临床症状和剖检特点。鸡霍乱表现排绿色稀便,鸡冠变紫,肉垂肿胀,肝有坏死点或弥漫性条斑状出血;鸡白痢排白色稀便;鸡伤寒,肝脏呈土黄或铜绿色;鸡副伤寒肝脏呈灰白色,有出血条纹;鸡亚利桑那菌病,肝脏切面灰白有出血条纹,5周内的鸡有的有神经症状;鸡大肠杆菌病表现气囊炎、眼炎、肝周炎、心包炎、大肠杆菌肉芽肿等;坏死性肠炎排黑褐色稀便,空肠、回肠有纤维素性坏死、假膜、鼓气、血样内容物。细菌性腹泻利用抗菌药物治疗都有很好的疗效。

③寄生虫性腹泻　包括球虫病、组织滴虫病、住白细胞虫病等。球虫病,有血性便;组织滴虫病,有黑头及盲肠炎和肝炎变化;住白细胞虫病,有白冠和出血,并且排绿色稀便。

④真菌性腹泻　主要为曲霉菌病。可见排硫黄色便,在肺和气囊也可找到病变。

(2)尿路问题造成的腹泻 此类腹泻因为其粪便内含大量尿酸盐,故多呈白色、水样,而且无弹性和黏度,不均匀。其又可分为两类:

①感染性腹泻 包括肾型传染性支气管炎、法氏囊病等。前者有呼吸道变化;后者有法氏囊的病变和肌肉出血等病变。

②营养代谢性腹泻 包括痛风、维生素 A 缺乏症等。此类病症较易诊断,剖检病死鸡可见大量尿酸盐在体内蓄积。

(3)生理性腹泻 因气候炎热,鸡大量饮水,排尿量增加。此类腹泻其粪便同水样,而且无弹性和黏度,不均匀,但不含尿酸盐。

(4)中毒性腹泻 包括食盐中毒、肉毒梭菌毒素中毒等。此类腹泻有食入过量或有毒物质的历史。食盐中毒有水样腹泻;肉毒梭菌毒素中毒多为食入了腐败食物、蝇蛆等所致,具神经症状。

32. 表现运动功能紊乱的疾病有哪些?

(1)传染性疾病 包括马立克氏病、新城疫、病毒性关节炎、滑液囊支原体病、传染性脑脊髓炎等。马立克氏病有典型的劈叉姿势,而且有多发性的肿瘤病灶;新城疫有转头拧脖现象;病毒性关节炎,腿足部腱鞘肥厚、硬化,炎性水肿,周围出血坏死,有犬坐姿势;滑液囊支原体病,关节有滑膜炎,内积胶冻状液体或干酪样物质;传染性脑脊髓炎,8 周龄内头、胫、腿震颤,倒置加剧,转圈、犬坐、飞舞、倒向一侧,共济失调,产蛋鸡有一过性产蛋剧降。

(2)营养代谢性疾病 包括痛风、维生素 B_1 缺乏症、维生素 B_2 缺乏症、维生素 B_6 缺乏症、维生素 E 缺乏症、维生素 D 缺乏症、胆碱缺乏症、叶酸缺乏症等。痛风,体内积有大量尿酸盐;维生素 B_1 缺乏,有观星状姿势;维生素 B_2 缺乏,鸡爪卷曲;维生素 B_6 缺乏,有神经症状,而且脱毛、皮炎、贫血;维生素 E 缺乏,与硒缺乏共同表现脑软化、白肌病;维生素 D 缺乏,与钙、磷缺乏共同表现笼养疲劳症、佝偻病、软骨症;胆碱缺乏与锰缺乏共同表现脱腱症;

叶酸缺乏,有软脖病。

(3)中毒性疾病　包括一氧化碳中毒、食盐中毒、亚硝酸盐中毒、呋喃类药物中毒、有机磷中毒。一氧化碳中毒,黏膜发红,昏睡或呼吸困难,步态不稳,死前痉挛、抽搐、窒息;食盐中毒,口渴、不安、先兴奋后抑制,脚无力、瘫痪,虚脱;亚硝酸盐中毒,黏膜发紫,流涎,震颤,站立不稳,抽搐,呼吸困难,窒息;呋喃类药物中毒,肾脏肿大、花白,口腔、胃肠内容物呈黄色,兴奋,转圈,鸣叫,抽搐,角弓反张,共济失调;有机磷中毒,兴奋,流涎,流涕,流泪,排粪,呼吸加快转抑制而死。

33. 表现肝脏损害的疾病有哪些?

常见的有弧菌性肝炎、包涵体肝炎、盲肠肝炎(组织滴虫病)、脂肪肝综合征、痛风、大肠杆菌病、鸡白痢、鸡伤寒、鸡副伤寒、鸡亚利桑那菌病、禽霍乱、鸡结核病、马立克氏病、白血病、网状内皮组织增殖症等。弧菌性肝炎,肝脏萎缩硬化,有花椰菜样或星状坏死;包涵体肝炎,肝脏脂肪变性,有出血斑点及黄白色针尖大小隆起的坏死点;盲肠肝炎,肝脏有圆形环状中心凹的黄绿色坏死灶;脂肪肝综合征,肝脏黄色、肥大、质脆、脂肪变性,肝包膜下有血肿甚至破裂;痛风,肝脏尿酸盐沉积;大肠杆菌病,有肝周炎、心包炎等;鸡白痢、鸡伤寒、鸡副伤寒、鸡亚利桑那菌病、鸡霍乱,肝脏有弥漫性条斑状出血,粪便绿色;鸡结核病,肝脏有结核特有的肉芽肿;马立克氏病、白血病,肝脏有肿瘤增生性病灶;网状内皮组织增殖症,肝脏有浅黄色坏死灶,弥散性的1毫米灰色小结节。

34. 采取送检病料有哪些注意事项?

有时疾病根据临床诊断和流行病学情况无法确诊,可采取病料送实验室诊断。采取、送检病料时应注意以下问题:

其一，选择症状和病变均典型、未经治疗的病例送检。

其二，保证病料的新鲜，送检死鸡的，死亡时间冬季不过24小时，夏季不过6小时，时间越短越好。

其三，由于鸡个体较小，可以整个活体或尸体送检，必要时根据需要在大群中按一定比例采集血样送检。若非整只送检，由于不同的部位病原体的含量差异很大，应注意选择采料部位。对所发疫病有所预见，只取典型病发组织即可；如对所发疫病一无所知，则多在几个器官组织取样。如呼吸道感染疾病应在鼻道深部和咽喉部黏膜取样。取样量：对血液等液体掌握在5～15毫升，肝、脾、肾等器官组织4～10厘米^3。

其四，保证采样器械和操作的无菌性。所用器具如刀、剪、镊子、注射器、针头等，都必须先煮沸消毒，或用压力锅加压蒸煮。将金属器械在酒精灯火焰上烧灼数分钟，都可达到理想的灭菌效果。注意每采完一种病料必须换用一套无菌器械，一种病料单独放一个容器。如果器械不够用，经酒精擦拭或火焰烧灼灭菌后也可再用。

其五，病料采取后立即密封，死禽尸体可用不透水的塑料薄膜、油纸、油布包裹，严防污染和病原扩散。

其六，实验室诊断方法不同，送检病料的保存方法也不同。病理学、细菌学检查，病料不宜冻结。全血抗凝样品、全血凝固样品不能冷冻保存，应该保存在2℃～8℃，病毒学检查的病料和血清的保存短期保存冷藏，长期保存最好冻结。若不知将进行何种实验室诊断，最好4℃冷藏保存运输，送检时间越短越好，最好在1天之内送到化验室。

其七，短时间不能送检的，或送检单位较远当天不能到达的，可在病料中加入适当的保存液，使之尽量保持新鲜状态。病理组织学可加10％甲醛或95％酒精，固定液的量应为送检病料的10倍以上。做细菌学检测可加灭菌饱和盐水（蒸馏水100毫升，加入氯化钠 38～39 克,充分溶解、过滤、高压蒸汽灭菌后使用)或 30%甘油生理盐水(纯净甘油 30 毫升,氯化钠 0.5 克,磷酸氢二钠 1.0克,蒸馏水加至 100 毫升,高压蒸汽灭菌后使用)。做病毒学检测可加灭菌的 50%甘油生理盐水(中性甘油 500 毫升,氯化钠 8.5克,蒸馏水 500 毫升,分装、高压蒸汽灭菌后使用)保存。

35. 常用的实验室诊断方法有哪些?

按实验方法,实验室诊断大致可分为:病理组织学诊断、微生物诊断、免疫学诊断、分子生物学诊断等。从检测目标来看,应当是两方面,一方面是检测病原或致病因素,如活的病原,病原的部分蛋白质,病原的核酸,引起中毒的毒素;另一方面,感染病原微生物后机体发生的变化,也就是机体对病原或致病因子的反应,包括病理组织学反应,即病理组织学变化;病理生理学反应,如血常规检验、血液生化检验、血液中酶活性的测定、肝功能和肾功能检验等;免疫学反应,可分为体液免疫反应、细胞免疫反应。

不同的诊断方法各有优势,也各有缺陷,例如,常规病理组织学方法步骤固定、简单,可以观察到机体组织细胞形态的变化,特征性病变可以为诊断带来很大帮助,甚至可以确诊,但也存在同样的病变可能由不同的疾病引起的问题,另外所需时间较长,需 24小时以上才能观察结果。不同的疾病特点不同,诊断方法也有差异,应根据情况加以选择。

36. 什么是微生物学诊断?

在对养鸡业造成危害的疫病中,传染病种类最多,约占鸡病总数的 75%以上。危害也最大,而传染病是由病原微生物引起的疾病,因此,利用兽医微生物的方法进行病原学的检查,是诊断鸡传染病的重要方法之一。

一般常用下列方法与步骤：

(1)剖检及涂片 对送检的自然发病鸡,按常规方法进行剖检,并采取有关病料,涂片染色,在镜下观察是否存在病原体。

(2)病原分离与培养 细菌可无菌采取具有典型病变的器官、组织,接种于适宜的培养基上,选择适宜的培养方法培养,观察生长发育状况及菌落特征;病毒则需要将病料处理以后,再接种于细胞培养物、鸡胚、动物体内,观察其生长状况加以鉴定。

(3)病原的鉴定 对已分离出来的病原,还需要做形态学、理化特性、毒力和免疫学等方面的鉴定,以确定病原微生物的种属和血清型等。培养好的病原菌可以根据病原的生物学特性进行鉴定,例如可选取典型菌落接种于微量生化反应管做生化特性的检查;也可以利用抗原抗体的特异性反应,做血清学试验,加以鉴定。

(4)动物回归试验 选用健康鸡只经人工感染发病,同时设对照组,观察发病症状,同临床典型病变对照。

使用微生物学诊断方法应注意,即使分离到病原,也应考虑到机体存在健康带菌现象;没有分离到病原,也不能完全排除病原的存在,可能病原体分离培养的方法不对,或者流行后期,用药后病原体已经消失。

37. 什么是血清学诊断? 其在鸡病临床上有哪些应用?

利用抗原和抗体特异性结合的免疫学反应进行诊断,称之为血清学诊断。将血清学试验用于疾病的诊断和控制是由 Jones 在1913 年开创的,最早是将试管凝集试验用于鸡白痢的诊断。血清学诊断可以用已知抗体来测定被检材料中的抗原,亦可以用已知抗原来测定被检动物血清中的特异性抗体。目前血清学检测极为广泛地应用于传染病诊断与控制中。

(1)监测疫苗接种方案的效果 疫苗接种是目前传染病控制

的重要手段,在传染病的控制中发挥着不可缺少的作用。但选用的疫苗是否质量可靠、免疫方式是否正确、免疫程序是否合理,这些疑问常常困扰着饲养者。此时,应用血清学检测方法来评估鸡群免疫后的抗体水平无疑就能提供很大的帮助。

(2)预测接种时间 在临床上,恰当的免疫接种时间是有效免疫的关键。有研究表明,首次免疫接种时抗体的阳转率与 ELISA 抗体的阻断率呈明显的负相关,即免疫前抗体水平越高(体现为阻断率的上升),免疫效果越差。当母源抗体的阻断率高于 70% 时,免疫很难奏效。

(3)确定养殖场存在的问题 目前,由于集约化养殖程度的不断提高,疾病感染的压力越来越大。另外,由于混合感染、多重感染、非典型性病变的不断增多,新病原或新病原型/亚型不断出现,同时一些古老的疾病也出现新的流行特点,使得流行病学诊断和临床诊断越来越困难,疾病的确诊往往都是通过实验室的手段来实现。另外,疾病一旦发生,诊断所需要的时间往往会与疾病所造成的损失直接相关,越快做出诊断,就可以越早采取正确的应对措施,控制或减轻疾病的流行。血清学检测有助于早期检测到疾病,且大多具有很好的方便性和快捷性。

另外,许多病原的侵袭,对成年鸡或抗体较高的鸡群仅引起抗体的变化,在临床上并没有明显的临床症状,但是对雏鸡或者抗体水平低下、不整齐的鸡群则有发病的危险,通过定期的血清学检测,就可以做到防患于未然,及早发现问题,及早采取措施,起到一种预警的作用。

(4)疾病诊断 将血清学方法用于疾病的诊断,目前已建立了能直接检测抗原或能够区分病毒抗体和免疫抗体的方法。由于多数情况下病毒抗体与免疫抗体在滴度或特性上存在差别,所以可以提示养殖者是否存在病毒感染,如在使用有些抗体检测试剂盒来检测血清抗体时,研究者发现,将阻断率在 70% 以上的免疫血清进一步稀释到 40 倍,大多会呈现阴性结果,而多数人工感染后血清则仍然呈现阳性结果。

(5)根除方案 血清学检测手段用于疾病的根除,在鸡白痢的根除计划中应用最多。对本国的一些流行不太严重或者传播不太迅速的疾病,如禽白血病等,都可以考虑用剔除阳性个体的根除计划,利用良好的检测产品进行逐步净化。

38. 血清学诊断的方法有哪些? 如何选择?

鸡场实验室常进行的血清学诊断方法有平板凝集试验、血凝试验、琼脂扩散试验、酶联免疫吸附试验、胶体金免疫层析技术等。在血清学方法的选择时,应该考虑以下因素,首先应当具有良好敏感性和特异性,且有重复性和稳定性,并与自己的检测目的相适应,易于使用。此外还要考虑标准化/符合国际标准(OIE/US-DA)的问题,即是否在国际贸易中得到认可等。

(1)平板凝集试验 细菌、红细胞等颗粒性抗原的悬液与含有相应抗体的血清或全血混合,在电解质溶液中,抗原颗粒和抗体结合后,形成肉眼可见的凝集小块,称为凝集反应。快速全血平板凝集试验,又称血滴法。此法操作简单,设备要求不高,而且快速、微量,主要用于鸡白痢沙门氏菌、鸡慢性呼吸道病、传染性鼻炎的检疫和净化。

(2)血凝抑制试验 新城疫、禽流感、产蛋下降综合征等病毒能够与鸡红细胞发生凝集现象,称为病毒的血凝,病毒的血凝可为相应的特异性抗体所抑制,即红细胞凝集抑制试验(HI)。血凝抑制试验可以用于:①检测血清中的抗体水平,作为适时免疫的辅助手段,能避免免疫失败、免疫空当及重复免疫造成的损失。②鉴定病毒,辅助诊断病毒性疾病。血凝试验、血凝抑制试验广泛地应用于鸡新城疫、禽流感病毒监测和抗体效价检测。

(3)琼脂扩散试验 通常是指双向双扩散试验,试验原理是通过抗原、抗体在琼脂凝胶中由近及远不断自由扩散形成浓度梯度，在适当比例处相遇形成沉淀线，并由此来检测抗体的效价或鉴定和区分抗原的一种技术。琼脂扩散试验在临床中常被用于多种鸡病诊断和抗体效价检测，如传染性法氏囊病、新城疫、禽流感、传染性支气管炎、马立克氏病等。如中国农业科学院哈尔滨兽医研究所研制的禽流感琼脂扩散（AGP）诊断试剂盒。

(4)酶联免疫吸附试验（ELISA） 是把抗原抗体反应的特异性，和酶的高效催化作用有机结合起来的一种非放射性标记免疫检测技术。近年来，随着单克隆抗体技术和酶标记技术的发展与应用，市场上已出现了各种各样的商品化 ELISA 试剂盒，广泛应用于禽病的诊断和防疫中。ELISA 是禽病商品诊断试剂盒使用最广泛的方法。目前国内外建立的 ELISA 反应体系或已市售的试剂盒用于抗体水平检测的较多，通过检测抗体水平来判断禽群感染状况或疫苗免疫效果。李海燕等研制的禽流感间接 ELISA 试剂盒已成功应用于我国多个地区的鸡血清抗体水平检测，鸡传染性法氏囊病、鸡病毒性关节炎、鸡痘、减蛋综合征等许多家禽传染病抗体的 ELISA 检测方法均已成熟，并有很多商品化的试剂盒可应用于临床，这些方法不仅简便快捷，而且结果准确可靠，适合于开展大规模的免疫抗体监测工作，正逐渐在基层单位普及。

以上四种常用方法各有优缺点：快速全血平板凝集试验简单易行，但不能定量，特异性有限，适宜基层初检。血凝、血凝抑制试验如用于检测禽流感，特异性高，准确性好，可鉴定 HA 亚型，能直观反映抗体水平，但血清型多时较为繁琐。琼脂扩散试验虽然方法简单，但敏感性低。间接 ELISA 试验敏感性高，特异性强，适合批量检测，但需要 ELISA 仪，适合有条件的单位开展。目前某些血清学免疫学方法已开发出商品化的诊断试剂盒，使用更加方便。

(5)胶体金免疫层析技术 是 20 世纪 90 年代在免疫渗滤技

术基础上建立的一种简易、快速免疫检测技术。由 Beggs 等最先用于人绒毛膜促性腺激素（HCG）的测定，近年来经过不断完善，已有大量商品化试剂条得到广泛应用。它是在单克隆抗体技术、胶体金免疫层析技术和新材料技术基础上发展起来的。其原理是将特异的抗原或抗体以条带状固定于硝酸纤维素膜上的某特定区域（检测带），胶体金标记另一特异的抗原或抗体，吸附于玻璃纤维上，然后固定于硝酸纤维素膜的某一特定位置，作为胶体金结合垫。当干燥的硝酸纤维素膜一端浸到样品后，由于毛细作用，样品沿着膜向上移动，当移动至胶体金结合垫（金标垫）处时，如样品中含有待检物，则发生特异性免疫反应，形成免疫复合物。继续前移至检测带时，免疫复合物与固定于检测带上的抗原或抗体发生特异性结合，而被截留在条带区域上，通过胶体金标记物而得到直观的显色结果。而游离标记物则越过检测带，与结合标记物自动分离。

与其他检测技术比较，应用免疫胶体金快速检测技术时，样品不需要特殊处理，试剂和样本用量极小，样本量可低至 1～2 微升；既可用于抗原检测，也可用于抗体检测，检测时间大大缩短，也不需荧光显微镜、酶标检测仪等贵重仪器，试验结果可长期保存。但该技术一般作为定性，不易定量，大批量地集约性地操作，不如ELISA 快捷方便。

近年来，免疫胶体金技术以其简便快速、肉眼判读、实验结果易保存、无需特殊仪器设备和试剂等优点，被广泛应用于许多家禽传染病的诊断与检测中，特别适宜基层和养殖场使用。目前该技术的商品化诊断产品也越来越多，抗原、抗体都可以检测，例如，禽流感快速诊断试纸条就是利用胶体金免疫层析技术检测禽咽拭子、泄殖腔拭子、粪便样品中的禽流感病毒。

在对鸡群进行血清学检测时，适当数量的样本可以提供良好的统计学内在价值，以用于制定种群健康情况处置策略。合适的样本大小可以通过检查群体内以往抗体滴度获得最佳提示,一般来说,结果变异越大,样本应该越多,以代表整群状况。

39. 常用的分子生物学诊断方法有哪些? 在禽病诊断中有何应用?

用于禽病诊断的分子生物学方法主要有聚合酶链式反应(Polymerase Chain Reaction,PCR)、核酸探针技术(NucleicProbe)、序列分析(Sequencing)、限制性内切酶片段长度多态性分析(Restriction Fragment Length Polymorphism,RFLP)等。

(1)聚合酶链式反应 PCR 体外基因扩增方法是根据体内 DNA 复制的基本原理而建立的,首先针对待扩增的目的基因区的两侧序列,设计并经化学合成一对引物,长度为 16~30 个碱基,在引物的 5′端可以添加与模板序列不相互补的序列,如限制性内切酶识别位点或启动子序列,以便 PCR 产物进一步克隆或表达之用。

自从 PCR 技术发明以来,已经在生命科学领域得到了广泛应用,在人类医学上,基因诊断已经十分普遍,在禽病上目前也先后报道了许多病毒和细菌的 PCR 检测方法,包括沙门氏菌、大肠杆菌、禽流感病毒、新城疫病毒、传染性法氏囊病病毒、传染性支气管炎病毒、传染性喉气管炎病毒、马立克氏病病毒、鸡毒支原体、产蛋下降综合征病毒。

PCR 技术不仅具有简便、快速、敏感和特异的优点,而且结果分析简单,对样品要求不高,无论新鲜组织或陈旧组织、细胞或体液、粗提或纯化 RAN 和 DNA 均可,因而非常适合于感染性疾病的监测和诊断。近年来 PCR 又和其他方法组合成了许多新的方法,例如用于 ILT 诊断的着色 PCR(Coluric—PCR),抗原捕获PCR(AC—PCR)等,进一步提高了 PCR 的简便性、敏感性和特异性,随着愈来愈多的目的基因序列的明了,PCR 应用范围必将更加广泛。相信不久的将来,用于家禽疾病诊断的 PCR 试剂盒将在禽病实验室诊断中得到广泛应用。

(2)核酸探针 已被广泛应用于筛选重组克隆,检测感染性疾病的致病因子和诊断遗传疾病,其基本原理即为核酸分子杂交,双链核酸分子在溶液中若经高温或高 pH 值处理时,即变性解开为两条互补的单链。当逐步使溶液的温度或 pH 值恢复正常时,两条碱基互补的单链便会变性,形成双链,所以核酸探针是按核酸碱基互补的原则建立起来的。因此,核酸杂交的方式可在 DNA 与 DNA,DNA 与 RNA 以及 RNA 与 RNA 之间发生。当标记一条链时,便可通过核酸分子杂交方法检测待查样品中有无与标记的核酸分子同源或部分同源的碱基序列,或"钩出"同源核酸序列。这种被标记的核酸分子称之为探针(Probe)。

自该方法建立以来,已利用其对许多禽类病毒和细菌进行了检测。与常规检测方法相比,探针具有高度的敏感性、特异性及可重复性,因而容易在禽病诊断室推广。随着时间的推移,探针必将为推动禽病诊断水平再上新台阶发挥重大作用。

(3)序列分析 即对禽病诊断实验室分离的野毒,进行随机克隆,然后用 Sanger 的双脱氧法对其进行序列测定,接着将序列分析结果输入电脑,与 Genebank 中已经发现的禽病基因序列进行比较,从而做出判断。

随着现代分子生物技术的发展,用序列分析对禽病做出诊断已经不是一件太遥远的事情了,由于商品化的克隆及测序试剂盒很多,在禽业发达国家,如果一旦分离到了病毒,则在一天之内就能完成病毒基因组的克隆及测序工作。而且由于这些方法都可以自动进行,因而给工作人员带来了许多便捷。序列分析可以说是最准确的诊断方法,但目前我国由于实验条件和经费等问题,在普通禽病诊断室推广该技术尚不够条件,但是在不久的将来,相信将逐渐得到普及。

目前国内很多实验室里用分子生物学技术建立了多种禽病的PCR、核酸探针等快速灵敏的禽病分子生物学诊断检测方法,有些已达到国际先进水平,有些已经形成商品化的诊断试剂。例如利用 RT-PCR 方法诊断禽流感病毒的商品诊断试剂盒,已经广泛地应用到禽流感的诊断中。

第三章 病毒性疾病的防控

40. 病毒性疾病的一般防控原则有哪些？

近年来,随着动物及其产品贸易的全球化和我国养禽业的快速发展,我国养禽业陷入旧病未除,又添新病的局面。影响较大的病毒性疾病主要有禽流感、新城疫、传染性支气管炎、传染性法氏囊病、鸡马立克氏病、禽白血病、减蛋综合征、病毒性关节炎、包涵体肝炎、鸡网状内皮增生症和鸡传染性贫血等疾病。

鸡病毒性疾病与鸡细菌性疾病不同之处在于抗生素对病毒本身是无效的(但在一定程度上可控制病毒疾病所引起的继发感染),鸡病毒性疾病的防控应采取综合性防治措施,疫苗免疫是预防的根本,生物安全是重要措施,加强饲养管理、提高机体抵抗力是必要条件。

(1)预防接种 疫苗免疫是预防病毒性疾病的有效措施。每个规模化鸡场都应因地制宜根据当地疫病的流行情况,结合鸡群的健康状况、生产性能、抗体水平和疫苗种类、使用要求以及疫苗间的干扰作用等因素,制定出切实可行的适合于本场的科学免疫程序。在此基础上选择适宜的疫苗,并根据抗体监测结果及突发疾病对免疫程序进行必要的调整,提高免疫质量。

除此之外,要重视免疫接种的具体操作,确保免疫质量。技术人员或场长必须亲临接种现场,监督接种方法及接种剂量,严格按照各类疫苗使用说明进行规范化操作。个体接种必须保证一只鸡也不漏掉,每只鸡都能接受足够的疫苗量,产生可靠的免疫力;最好一鸡一针头。近些年的实践证明,鸡马立克氏病的不断发生,与免疫操作以及疫苗的稀释方法有很大关系,这就需要仔细地阅读说明书;严格按照厂家推荐的方法操作。群体接种省时省力,但必须保证免疫质量,饮水免疫的关键是保证在短时间内让每只鸡都确实地饮到足够的疫苗;气雾免疫技术要求严格,使鸡周围形成一个局部雾化区。

正确选择疫苗一直是困扰规模化鸡场的难题,市场上疫苗种类繁多、生产厂家众多、价格差别很大,选择疫苗时不能单纯追求便宜,只看价格,疫苗的品质才是最重要的。疫苗尤其是活疫苗选择最重要的一点是选择真正 SPF 蛋生产的疫苗,这样能保证疫苗没有被外来的病毒污染。现实生产中新城疫疫苗污染网状内皮增生症病毒,鸡痘疫苗污染网状内皮增生症病毒已经给某些鸡场造成严重的经济损失,应该吸取教训。

(2)生物安全　生物安全体系是现代化养殖生产中最基本、最重要的动物保健准则,其中心思想是严格的隔离、消毒和防疫,关键控制点在于对人和环境的控制。

生物安全措施包括为阻断致病的病毒、细菌、寄生虫等侵入家禽群体并进行繁殖而采取的各种措施。成功的生物安全措施应该能够起到预防有重大经济意义或对人类健康产生威胁的各种动物传染病的作用。

建立和健全完善的生物安全体系关键在于加强消毒隔离,建立从场门、生产区与生活区、鸡舍门口的三级管理,并建立相应的制度,不要忽视鞋底带土和双手可能接触的传染病病原。生物安全体系应十分重视强调环境因素在保护鸡群健康中的重要作用,关键在于对人与环境的控制,建立起防止病原微生物入侵的多层防御屏障,抓好饲养管理与生物安全之间的关系,让饲养管理围绕着生物安全实施。

对养鸡场实行严格消毒措施是预防和控制病毒性传染病的发生、传播和蔓延的最好方法。选择正确的消毒剂并制定和采取一整套严密的消毒措施,才能有效地消灭散播于环境、鸡体表面及工具上的病原体,切断传播途径,保证鸡的健康。

(3)**疫病净化** 严格淘汰制度,培育健康鸡群。条件成熟的规模化鸡场应采用监测技术淘汰不良个体。例如鸡白血病以及网状内皮组织增生病,应定期监测,淘汰阳性鸡。

初生雏鸡进入育雏室之前要严格挑选,凡脐带愈合不良、白痢、脐炎、瘫鸡、毛色不纯正、体重过小者全部淘汰。机械性损伤的鸡需隔离治疗。严格淘汰病、弱、残鸡,尤其对消瘦,排黄白或绿色粪便的个体要坚决淘汰。发现异常个体立即淘汰。

(4)**加强饲养管理** 保持适当的温度、湿度。温度与家禽的体温调节有关,直接影响家禽的活动,饮水、饲料的消化吸收及身体健康,因此,必须根据家禽生理需要而严格掌握。湿度在一般情况下不像温度那样要求严格,但在某些极端情况下或与其他因素共同发生作用时,可能会对家禽造成很大的危害,应根据不同地区、不同季节灵活掌握。

注意通风换气,家禽生长发育迅速,代谢旺盛,需要换气量大,且家禽排泄物也日渐增多,会造成舍内潮湿和有害气体浓度增大,因此,要注意通风换气,保持舍内空气良好。

控制光照,光照可促进家禽采食、饮水、增加运动,促进肌肉、骨骼发育,同时也可增强家禽的抗病能力,另外,阳光中紫外线可杀毒灭菌,并可使房舍干燥,有助于预防疾病。

保持合理的密度,密度与家禽的生长发育、健康密切相关,为了维持舍内清洁卫生和良好空气,必须根据家禽的生长发育程度,调整家禽的饲养密度。

当前,一些提高免疫能力的药物以及一些中药提取物在生产中时有使用。笔者认为,药物在提高鸡群免疫力方面是有限的,可以选择使用,但不能迷信其作用。

(5)**治疗措施** 规模化鸡场的鸡群饲养密度较高,病毒性传染病一旦发生,常会给生产带来巨大的经济损失,尤其是那些传播能力较强的病毒性传染病。对于鸡病毒性疾病的防治,一是采用疫苗紧急接种;二是先用高免卵黄注射,再用疫苗巩固保护期。生物制品和药物的使用不同,应讲究时机,科学使用。

慎重对待混合感染。当前,鸡病的发生已不仅为过去的单纯感染,而逐渐变为多种病原的混合感染。针对混合感染,要慎重使用疫苗,最好先考虑用药物治疗,然后考虑疫苗紧急接种。

总之,对于现代化鸡场控制病毒性疾病,预防是最根本的手段,治疗具有一定的现实意义,应正确选择疫苗,采用科学的免疫方式,因地制宜制定合理免疫程序,加强生物安全措施,减少病毒性疾病的发生。

41. 新城疫是怎样发生与流行的?

鸡新城疫(ND)又称为亚洲鸡瘟,是由新城疫病毒(NDV)引起的一种高度接触性传染病。长期以来,鸡新城疫在全世界范围内广泛流行,给养鸡业造成了不可估量的经济损失。随着我国养鸡业的集约化、规模化发展,该病的防制工作受到了高度重视,全国范围内普遍采取了免疫接种及综合性防治措施,使本病在很大程度上得到了控制,大面积急性暴发的情况已经很少发生,但零星散发仍然普遍存在,其仍然是目前危害养鸡业的主要疫病。目前免疫鸡群发生新城疫,症状和病变都变得不典型,给临床诊断带来了很大困难,因此称之为"非典型新城疫"。本病为世界动物卫生组织(OIE)规定的 A 类重要传染病,1999 年农业部发布的动物疫病病种目录中,将其列为 I 类疫病。

病鸡是本病的主要传染源,鸡感染后临床症状出现前 24 小时,其口、鼻分泌物和粪便就有病毒排出。病毒存在于病鸡的所有组织器官、体液、分泌物和排泄物中。在流行间歇期的带毒鸡,也是本病的传染源。鸟类也是重要的传播者,历史上有好几个国家因进口观赏鸟类而招致了本病的流行。

病毒可经消化道、呼吸道,也可经眼结膜、受伤的皮肤和泄殖腔黏膜侵入机体。自然情况下,不同年龄的鸡对新城疫易感性存在差异,幼雏和中雏易感性最高,2年以上的鸡易感性较低。免疫抑制或免疫程序不合理等原因造成的免疫失败,导致了鸡群的抵抗力差、易感性增高,是疾病在鸡群暴发的内在原因。

新城疫病毒为副黏病毒科、腮腺炎病毒属的禽副黏病毒Ⅰ型(APMV-1)。病毒在低温条件下抵抗力强,在4℃可存活1~2年,-15℃可保存230天;不同毒株对热的稳定性有较大的差异。新城疫病毒对消毒剂、日光及高温抵抗力不强,因此,虽然本病一年四季均可发生,但以冬春寒冷季节较易流行。一旦发生本病,可于4~5天内波及全群。

一般消毒剂的常用浓度可很快将其杀灭,很多种因素都能影响消毒剂的效果,如病毒的数量、毒株的种类、温度、湿度、阳光照射、贮存条件及是否存在有机物等,尤其是以有机物的存在和低温的影响作用最大。

42. 新城疫的临床症状和病理变化有哪些?

(1)临床症状 由于毒株的毒力强弱、感染途径、病毒感染量和机体的抵抗力不同,本病的传统症状可分如下3种类型:

①**最急性型** 少见。3~4周龄小鸡多发,常看不到任何症状,发病后很快死亡。

②**急性型** 最常见。呼吸困难,有特殊的"咕噜"怪声,口和鼻中有多量黏液,冠、髯呈紫色,嗉囊积液,将病死鸡倒提时,从口腔流出大量黏液;下痢,粪便呈黄白色或绿色,有麻痹和神经症状;产蛋鸡产蛋量下降或停止,并见软壳蛋增多;1~2天或3~5天后死亡。

③**亚急性或慢性型** 常见于成年鸡,多由急性转来。初期症

状与急性的大致相同,病程稍长时则出现神经症状,跛行,一肢或两肢瘫痪,两翅麻痹下垂,转圈,头向后仰或向一侧扭曲,运动失调,产蛋鸡可引起产蛋下降。

(2)病理变化 典型病变为全身黏膜、浆膜出血,尤其以消化道明显,腺胃黏膜或乳头出血,腺胃与肌胃间、食管与腺胃间有出血或血斑或出血带;肌胃角质膜下出血或溃烂;小肠黏膜出血或坏死,在不同肠段形成局灶性溃烂,如枣核状;盲肠扁桃体肿大、出血或坏死;直肠黏膜出血。心冠脂肪可见有出血点,气管黏膜增生、肥厚,有明显出血。产蛋鸡出现软卵泡、血肿卵泡和破裂卵泡。

43. 当前我国新城疫的流行特征是什么?

(1)非典型新城疫多发 近年来由于鸡新城疫疫苗质量、免疫方式、免疫程序、免疫时间、免疫剂量、超强毒株和野毒株等问题的存在及其他疫病的影响,使非典型鸡新城疫在各地时有发生,甚至在部分地区呈现地方性流行。

(2)水禽易感性增强 水禽也可发生新城疫,近些年鹅、鸭等水禽也都有感染发病的研究报道。特别值得关注的是鹅的感染。在1997年以前,几乎没有鹅感染发病的报道。即使人工攻毒,水禽的发病率和病死率亦较低。但自1997年以后,该病对鹅的感染率、发病率及病死率明显升高,造成了严重的经济损失。以前报道的水禽分离毒株绝大部分为弱毒,但是也有少数具有强毒株的生物学特性,如病毒血凝素对热的稳定性,对红细胞的解脱率以及病毒在细胞培养物上的生长特性等。Takakura H等认为自然界迁徙的水禽体内含有潜在的新城疫强毒,这些病毒可能传给家禽并增强其致病性。

(3)毒力有增强趋势 新城疫病毒的毒力千差万别,可以由强变弱,也可以由弱变强,其变异趋势,引起禽病专家高度关注。秦卓明和马保臣等对1996~2005年分离的30株新城疫病毒进行了毒力测定,其中 29 株为强毒,另 1 株鸭源弱毒经鸡胚盲传 6 代后,变为强毒株。说明当前新城疫病毒毒力增强仍然是发展趋势。

(4)抗原变化 根据我国各地分离病毒株进行病毒交互免疫试验和中和试验,未发现有不同血清型。但是从交叉血凝抑制试验和鸡胚中和试验证明,不同地区病毒的抗原性是有差异的。有人将 17 个新城疫病毒分离毒、La sota、Clone 30 与 F48E9 参考株,分别制备单因子阳性血清,然后进行鸡胚交叉中和试验。结果证实,La sota、Clone 30 与经典强毒 F48E9 之间的中和指数较高,其中,La sota 与 Clone 30 的中和值为 0.93,与 F48E9 的中和值为 0.77,而与流行株的中和指数较低,仅为 0.22~0.50,证实疫苗株对经典强毒具有较好的保护,而对流行株保护效果较差。

(5)混合感染突出 近些年的临床病例和实验室的检测说明,单一的新城疫发生并不多见,混合感染现象比较突出。目前常见的是新城疫与大肠杆菌、传染性支气管炎、传染性法氏囊病、霍乱等的混合感染,一般认为,新城疫为原发病,引起机体的免疫力或抵抗力下降,从而感染其他病原。

44. 什么是非典型新城疫?

近几年来,发现某些经过免疫接种的鸡群中发生新城疫,因机体尚有一定的免疫力,被强毒感染后,缺乏传统的新城疫特征性症状和病变,这就是所谓的"非典型新城疫"。临床主要表现咳嗽,有分泌物,呼吸困难,有神经症状,种鸡、蛋鸡产蛋量急剧下降。发生速度慢,发病数量少,流行缓慢,死亡率低,与典型新城疫有明显区别。

非典型新城疫往往看不到新城疫典型的病变,常见的病变是小肠黏膜出血,盲肠扁桃体肿大、出血,直肠黏膜条纹状出血,气管不同程度环状充血、出血等。少数死鸡也可见到一些典型的病变如:腺胃乳头出血等。

导致非典型新城疫流行的原因如下：

一是环境中存在强毒。在我国，大、中、小型鸡场集约化饲养与广大农户散养鸡群并存，饲养管理和防疫水平参差不齐。许多大、中型养鸡场防疫制度较严格，对发病鸡和死亡鸡处理适当。而小型养鸡场和个体养鸡户往往任意出售病鸡，到处乱扔死鸡，造成病原的人为传播。病毒可能随空气、带病毒野鸟广泛传播，有调查表明，我国商品鸡群中普遍存在新城疫强病毒。新城疫病毒污染鸡场后，在病鸡体内大量复制、循环，使毒力增强，并长期维持下去，一旦遇到免疫水平低的鸡群或免疫力不足的鸡，极易发生非典型新城疫。

二是盲目免疫。近年来，由于普遍使用新城疫疫苗，雏鸡出壳后都具有一定水平的母源抗体。母源抗体对雏鸡具有一定的免疫保护力，但也会不同程度地干扰疫苗免疫产生抗体的作用。母源抗体水平越高，干扰越严重。在母源抗体水平高时进行首免，母源抗体会中和一部分疫苗病毒，雏鸡获得的免疫力不强。如环境中存在野毒或再次用活疫苗免疫时，这部分鸡就可能发生新城疫。首免过迟，母源抗体低的雏鸡易成为敏感鸡，遇到野毒侵袭时，易发生新城疫。目前，在我国许多鸡场都实行 7～10 日龄进行新城疫首免，由于母源抗体的干扰，可能是导致首免效果不佳，二免前后发生非典型新城疫的一个重要原因。

三是疫苗选择使用不当。疫苗本身质量不合格，或在运输、保存过程中条件不合要求而失效，或超过失效期等，都会严重影响免疫效果，造成免疫失败。

疫苗使用不当，例如，滴鼻、点眼免疫时未等疫苗确实进入鼻、眼内就把鸡放回地面，鸡只得不到足够的免疫剂量；气雾免疫时雾滴太大或雾滴不均匀，造成免疫不均匀等，也会造成免疫失败。

强化免疫间隔时间长或太近，如果首免与加强免疫不连续或间隔时间太长，就会造成免疫空白期，野毒乘机感染，引发非典型新城疫;两次免疫间隔时间太近,则会出现免疫干扰,造成 HI 抗体滴度不均匀,致使二免前后发生非典型新城疫的情况较多。

雏鸡使用多种疫苗,尤其是弱毒疫苗,其先后顺序和间隔日期对免疫力的产生有一定的影响。如新城疫Ⅱ系、Ⅳ系疫苗与传染性支气管炎 H120 联合使用时,会出现不同程度的干扰。有的鸡场在进行新城疫免疫的同时,还做传染性喉气管炎、传染性支气管炎疫苗的免疫接种。病毒进入体内细胞产生干扰素,由于不同病毒在体内启动速度不同,往往启动速度快的(如传染性支气管炎病毒)抑制启动速度慢的(如新城疫病毒),造成免疫干扰,导致新城疫免疫失败。

四是鸡体免疫应答能力下降。鸡群感染马立克氏病、禽白血病、网状内皮增生症、传染性贫血等病毒性疾病时,能损伤自身的免疫器官,抑制机体的免疫应答,导致免疫力下降。另外,鸡白痢、大肠杆菌病、球虫病、霉菌毒素中毒等疾病也会造成机体的免疫功能下降。新城疫免疫接种后,很难产生坚强的免疫力。

此外,各种应激、饲料中缺乏蛋白质、维生素(特别是维生素E)和微量元素(尤其是硒),都可导致机体的抵抗力或免疫功能下降。在上述情况下免疫,往往造成免疫失败。

45. 如何诊断、防控新城疫?

(1)诊断 本病特点为发病急,传播快,药物防治无效,病鸡呼吸困难,排黄绿色粪便,急剧衰弱而死亡,死亡率很高;主要病变是消化道黏膜的出血和溃疡,盲肠扁桃体肿大、出血或坏死,喉头和气管黏膜环状出血。根据以上特征可做出初步诊断,确诊需要分离和鉴定病毒。

新城疫血凝抑制抗体(HI 抗体)测定有助于本病的诊断,比较发病前后间隔 10～14 天血清新城疫抗体效价,若 HI 效价相差悬殊,具有诊断意义。

取病死鸡的脑、脾、肺等病料接种鸡胚,并做病毒的分离、鉴定,因为鸡场普遍接种疫苗,分离的毒株须做毒力鉴定,才能判别是否由新城疫野毒感染引起。

与新城疫呼吸道症状类似的包括禽流感、传染性支气管炎、传染性喉气管炎、传染性鼻炎等,神经症状类似的包括禽流感、鸡脑脊髓炎等,产蛋下降类似的包括禽流感、传染性支气管炎、传染性喉气管炎、传染性鼻炎和减蛋综合征等。

(2)防　控

①平时预防措施　一是加强饲养管理,搞好隔离消毒,防止病原体的侵入。二是预防接种。目前,临床常使用的疫苗有两类:

一类是活疫苗。其又分为中发型和缓发型两类,缓发型代表毒株为:Ⅱ系苗(或 B1 株)、Ⅲ系苗(或称 F 株)、Ⅳ系苗(或 Lasota 株,Clone 30)等毒株,毒力相对较弱,但不同株间有差别,大小鸡均可使用,多适用于初生雏鸡,多采用滴鼻、点眼、饮水及气雾等方法接种。中发型代表毒株为Ⅰ系苗(或 Mukteswar),其致病力较强,仅适用于有基础免疫的鸡群和成年禽接种,常用于加强免疫,通常需要翼翅划种或肌内注射。

另一类是灭活疫苗。一般为油乳剂灭活苗。灭活苗不像活疫苗容易被母源抗体中和,接种后产生抗体比活疫苗慢,但安全性高,且抗体高峰持续的时间比活疫苗长。品种较多,有单苗和多联疫苗,质量差别较大,尽可能选用单苗或浓缩多联疫苗。

注意弱毒苗和灭活苗配合使用。无论是弱毒苗和灭活苗,二次免疫均能出现强烈的免疫应答反应,抗体水平有较显著提高。对于已接种过活疫苗的鸡,再接种灭活苗,可显著提高抗体水平。灭活疫苗和活疫苗的联合应用能较好维持鸡群的 HI 抗体效价一直处于较高的水平。

为了有效防止非典型新城疫的发生,可根据新城疫抗体监测结果,在 HI 抗体 log2 低于 5~6 时,立即采用弱毒疫苗进行免疫。

②*疫情处理* 本病目前无特效药物治疗。一旦发生疫情,对病死鸡深埋,环境消毒,消灭传染源,防止疫情扩散。同时对未发病的鸡群进行紧急疫苗接种。雏鸡可用Ⅳ系或克隆30疫苗,4倍量饮水;中雏以上可以肌注Ⅰ系疫苗,或Ⅳ系或克隆30疫苗4倍量饮水。如与油乳剂灭活疫苗同时使用,效果更好。在免疫的同时使用适宜药物,如恩诺沙星、左旋氧氟沙星、硫酸安普霉素等,防止继发呼吸道、消化道感染,并在饲料或饮水中添加中药(清瘟败毒散)和多种维生素如维生素C、速补等,促进机体康复。

46. 禽流感在我国的流行现状如何?

禽流感(AI)是由A型流感病毒(AIV)引起的禽类烈性传染病,被国际兽疫局定为A类传染病,并被列入国际生物武器公约动物类传染病。该病表现为轻度的呼吸系统疾病、产蛋下降、急性致死性疾病等多种形式。世界各地曾多次暴发由特定毒株引起的禽流感疫情,引起了禽类的大量死亡和生产性能的急剧下降,造成了巨大的经济损失。

根据禽流感病毒血凝素(Hemagglutinin,HA)与神经氨酸酶(Neuraminidase,NA)的抗原性不同,可将病毒分为不同的血清亚型。目前已知H抗原亚型有15种(H1~H15),N抗原亚型有9种(Nl~N9),两者可以组合成135种类型。从致病性看,各亚型之间存在很大差异,历史上以H5和H7亚型为代表的一些毒株,如H5N1、H5N2、H5N8,H7N7、H7N3、H7N1等所引起的疾病称为高致病性禽流感(Highlypathogenicavianinfluena,HPAI);但也有少数H5和H7亚型是低毒力的毒株,因此不能笼统地说H5和H7亚型都是高致病性毒株。高致病性禽流感的暴发,不仅给养禽业带来毁灭性的危害,而且还影响禽类产品的安全和国际贸易,使我国禽类产品的出口屡屡受阻。

我国(大陆地区)1994年首次由陈伯伦在广东省佛山市分离

到 H9N2 亚型禽流感病毒,此后全国各地均有中、低致病性禽流感发生的报道。1996 年,在我国广东省佛山市的发病鹅中首次分离到一株 H5N1 亚型高致病性禽流感病毒,为我国禽流感的防治工作敲响了警钟。我国兽医工作者开展了全面的家禽禽流感病毒的监测工作。2004 年 1 月 27 日我国官方公布了首例确诊高致病性禽流感疫情,2004 年官方统计共发生 50 起疫情。

2005 年,我国政府对禽流感施行强制免疫,但是由于禽流感病毒变异很快,各分支之间抗原性差异很大,所以即使免疫也常有禽流感发生。发生 H5N1 亚型禽流感疫情的地点呈现多样化的趋势。其中既包括免疫抗体水平较高的规模化种鸡场和蛋鸡场,也包括养殖环境和管理水平较差的非免疫小型养禽场(如新疆的疫情)和候鸟栖息地(如青海的疫情)。

禽流感病毒有感染宿主多样性的特点,不仅感染家禽和野禽,也感染猪、马和人,以及鲸、雪貂等多种动物。香港 1997 年 H5N1和 1999 年 H9N2 禽流感感染人的事件的发生,更凸显其在公共卫生上的地位和意义。禽流感病毒可直接感染人类,如 H5、H7和 H9 亚型,并造成人的死亡,因此该病是世界各国重点检疫和防范的对象。

禽流感感染的宿主多样性,使得防制工作异常艰难和复杂,水禽和快大型肉禽感染带毒,并作为传播中间媒介的现象较为普遍,其污染面大,消除比较困难,是造成禽流感广泛扩散和长期流行的主要隐患之一。其中水禽常见的问题是免疫后抗体产生慢,效价低,需多次免疫才能产生高滴度抗体。而快大型肉禽则因生产养殖周期短、数量大、母源抗体干扰、灭活疫苗免疫后抗体产生慢等原因造成部分养殖业主不做免疫。另外,活禽运输和活禽交易市场已经成为禽流感在我国大范围、快速传播的一个重要渠道。我国活禽交易市场和农贸市场的检疫制度不健全,散养及小规模养殖户的防疫漏洞较多,存在难以防控的多种媒介传播因素。我国禽流感疫情的复杂性和长期性应引起兽医工作者和养殖人员的高度重视。

近年来,我国对禽流感继续采取"免疫＋生物安全措施＋扑杀"的综合防制策略,取得了较好的效果。疫情形势较为平稳,未出现大规模的高致病性禽流感突发疫情。但各地的零星病例仍不时出现,其临床表现更为复杂,为诊断和防控都带来新的难题。

47. 禽流感的流行特点有哪些?

由于禽流感病毒血清型众多,有极强的变异性,不同毒株间的毒力差别巨大,因此危害程度不一。

病禽、带毒的水禽和野鸟是传染源,水禽是禽流感病毒的重要宿主,一些对水禽无致病性的毒株对鸡有较高的致病性。禽流感主要经过 3 个途径传播,呼吸道、消化道、损伤皮肤及眼结膜。世界卫生组织(WHO)认为禽流感传播的主渠道是粪便。研究结果表明,病鸡粪便中的 H5N1 禽流感毒株会在空气中传播,并被风带走。

病毒广泛存在于病禽体内及其排泄物、分泌物中,禽流感病毒对外界的抵抗力不强,对高温、紫外线和各种消毒药均敏感,很容易被杀死。但禽流感病毒在有机物如粪便、鼻液、泪水、唾液和尸体中能存活相当长的时间。严重污染的粪便是控制禽流感传播要解决的重要问题。禽流感病毒在自然环境下尤其是在凉爽和潮湿的条件下能存活很长时间。例如在粪便和鼻腔分泌物中的禽流感病毒,其传染性在 4℃可保持 30～35 天,20℃可保持 1 周。病毒在污染的水源中可长期存活,无论是被禽流感病毒污染的粪便或是水源,一旦与健康鸡接触都可引起发病。

禽流感病毒对高温、紫外线和各种消毒药敏感,容易被杀死。如甲醛、氧化剂、漂白粉、碘制剂、稀酸等都能破坏其传染性。在粪便中的禽流感病毒,堆积发酵 10～20 天,可使病毒灭活。在直射阳光下40～48小时即可灭活病毒,如用紫外线直接照射,可迅速破坏其感染性。禽流感病毒对低温有较强的抵抗力,病毒对冻融作用比较稳定,因此,禽流感四季均可发生,但以气候寒冷变化剧烈的冬春季节时发生居多,主要在11月至翌年4月,通过对水禽的病毒分离也证实了这一点:病毒分离率自11月开始上升,12月至翌年3月最高,4月开始下降。

从监测结果看,目前我国高致病性的禽流感主要以H5N1为主,各种日龄和品种的鸡均可发病,潜伏期短,发病急,舍内传播迅速,但传播范围往往不大。以低致病性为主的禽流感疫情地方流行性特点明显,发病率和死亡率增加,危害日益严重。我国低致病性禽流感主要以H9N2为主,产蛋鸡、商品肉鸡多发,潜伏期长,发病缓和,死亡率较低,但疫情范围往往较大。主要引起产蛋下降、轻微呼吸道症状,若无继发感染,病死率不高。因此目前应加强对H5和H9亚型禽流感的防控。

48. 禽流感的临床症状有哪些?

禽流感的临床症状与病毒毒力、环境因素及并发感染有关,也与鸡的品种、日龄、性别密切相关,因而其临床表现极不一致。潜伏期由几小时至几天不等,一般为4～5天。潜伏期的长短取决于感染病毒的数量和毒力、被感染的鸡种以及感染途径等,不同鸡群感染流感病毒后所表现的临床症状有很大的差异,即使同一个鸡场每次流行及发病的情况也不尽相同。因此,往往容易造成误诊或被忽略。常分为以下几种类型。

(1)高致病性禽流感

①最急性型　病鸡不表现前驱症状,发病后迅速死亡,死亡率可高达90%～100%。

②急性型　鸡群表现为突然发病,体温升高,可达42℃以上。病鸡精神高度沉郁,叫声减小,缩颈、嗜睡,眼呈半闭状态。采食量

急剧下降,可减少 15%～50%,嗉囊空虚,排黄绿色稀便。呼吸道症状表现不一,呼吸困难、咳嗽、打喷嚏,张口呼吸,突然尖叫。患鸡冠和肉髯发黑或高度水肿,皮肤发绀。约有 30%的病鸡头部和颈部出现渗出性肿胀。患鸡眼结膜发炎,眼肿胀流泪,初期流浆液性带泡沫的眼泪,后期流黄白色脓性分泌物,眼睑肿胀,两眼突出,肉髯增厚变硬,向两侧张开,呈"金鱼头"状。也有的出现抽搐,头颈后扭,运动失调,瘫痪等神经症状。

产蛋鸡感染后 2～3 天产蛋量开始下降,7～14 天内可使产蛋率由 90%以上降到 5%～10%,严重的将会停止产蛋,同时软壳蛋、无壳蛋、褪色蛋、砂壳蛋增多,持续 1～5 周后产蛋率逐步回升,但是恢复不到原来的水平,一般经 1.5～2 个月逐渐恢复到下降前产蛋水平的 70%～90%。种鸡感染后,除上述症状外,可使受精率下降 20%～40%,死胚、弱雏增多。

随着我国强制免疫禽流感疫苗政策的实施,免疫过 H5 亚型禽流感灭活疫苗并有较高抗体水平(超过 6 log2)的禽群,发生非典型 H5 亚型禽流感的病例有增加的趋势。其临床表现与禽群的抗体水平和饲养环境的卫生状况有较大关系,多表现为病程延长、传播速度慢、病理变化不典型、死亡率不高、产蛋率下降明显及易与其他禽病(如禽霍乱等)混淆的新特点。

(2)低致病性禽流感 潜伏期长,传播慢,病程长,发病率和死亡率低。一旦发病,如不采取积极措施,病毒很难在疫区被根除,疫情会逐渐向周边地区扩散,使疫区越来越大,而且病毒还有变强的可能。低致病性禽流感病毒侵害青年禽和成禽的生殖系统,引起严重病变,使产蛋量急剧下降或者产蛋达不到高峰,而且会使蛋的品质大大降低,软壳蛋、砂壳蛋等明显增多。肉鸡感染后则生长缓慢,料肉比降低。混合感染如大肠杆菌、葡萄球菌或鸡新城疫等疫病时,可造成较高的死亡率。

鸡群发病后即表现程度不一的呼吸道症状,咳嗽,甩鼻,张口,并不时发出尖叫声;急剧呼吸道症状经历短暂时间后,有的减轻,有的基本消失。伴随呼吸道症状的出现,大部分鸡开始腹泻,有的排绿色或黄绿色黏稠粪便,有的排水样稀便,且便中常常带有未完全消化的饲料,后期有部分或少量的排橘黄色稀便。部分鸡出现眼结膜发红、流泪、头部和眼睑肿胀。产蛋鸡产蛋率迅速下降,产蛋率可在 3~7 天内从高峰降至 20% 以下,一般下降 20%~50%;在此过程中伴随着软壳蛋、无壳蛋、褪色蛋、砂壳蛋增多。此时期可以通过加强管理和药物治疗,一段时间后鸡群的产蛋可以回升,一般情况下产蛋恢复需要 10~60 天,也不能完全恢复到原来的水平。此外并发、继发症增多,例如大肠杆菌的继发感染。

在养鸡生产中,多数养殖户非常重视蛋鸡的免疫预防,鸡群普遍存在一定的抗体水平。肉鸡免疫密度低及肉仔鸡饲养环境和养殖模式的落后,导致了近年来肉仔鸡感染 H9 亚型禽流感病毒现象很普遍,且危害较大。其多发生于 30 日龄左右,甚至于 10 日龄左右也可发生,死淘率为 20%~30%,有的鸡群超过 50%。这说明 H9 亚型禽流感对肉仔鸡的危害在加大,应重视和加强肉仔鸡的免疫预防工作。

49. 禽流感的病理变化有哪些?

(1)高致病性禽流感　最急性病例病变不明显,典型病例可见多个组织器官的出血,特别是消化道、呼吸道、生殖道。腺胃乳头出血,有脓性分泌物,腺胃与食管、腺胃与肌胃交界处有带状出血;十二指肠及小肠有不同程度的出血斑或溃疡,肠道内有血和肠道分泌物混合形成的黏液性物质,盲肠扁桃体出血,直肠黏膜及泄殖腔出血。喉头、气管充血、出血。卵泡充血、出血,呈紫红、紫黑色,输卵管黏膜出血,内有白色分泌物或干酪物,常见卵黄性腹膜炎。腹部和肌胃周围脂肪组织有出血点。主要器官可能有出血、坏死和浊肿。胰脏出血、坏死,有灰白色的坏死灶。心外膜、冠状沟脂肪出血,心肌变性坏死。

(2)低致病性禽流感 卵泡充血、出血,有的破裂,卵黄液流入腹腔,形成卵黄性腹膜炎。输卵管水肿,内有大量的脓性分泌物,有的出现干酪样物质。肾脏肿大,肾小管中含有尿酸盐。单纯感染低致病性禽流感少见,多为混合感染,病变复杂。

50. 如何诊断禽流感?

禽流感的临床症状和病理变化呈多种形式,对于发病率高、突然大量死亡的可疑高致病性禽流感发病鸡群,应立即报告当地兽医主管部门,然后将病料送往中国科学院哈尔滨兽医研究所等国家指定实验室进行确诊。临床诊断时应注意与新城疫、传染性鼻炎、禽霍乱、减蛋综合征等疾病区别。

(1)鉴别诊断

①新城疫 高致病性禽流感肿头、肿眼,冠及肉垂肿胀、出血、坏死,脚鳞紫变,腺胃出血坏死;心脏变性坏死,新城疫无此变化,两者在消化道的病理变化也有区别。

②传染性鼻炎 也会出现呼吸道症状,脸肿,但脸肿多为单侧性的,消化系统无病变,也无脚鳞紫变,腺胃出血坏死的病变,抗菌药物治疗有效。

(2)实验室诊断 常用方法有病原学诊断、血清学诊断、分子生物学诊断。病毒分离需在国家规定的实验室完成。

目前用于禽流感检测的方法还有禽流感病毒分离技术、琼脂扩散试验、血凝及血凝抑制试验、神经氨酸酶抑制试验、酶联免疫吸附试验、病毒中和试验、反转录聚合酶链式反应、免疫荧光技术及核酸探针技术,其中血凝试验、血凝抑制试验和琼脂扩散试验是国际兽医局推荐使用的方法。

51. 如何预防禽流感？

(1)加强饲养管理,建立严格的生物安全体系 引种时要认真调查当地禽流感发生和防制情况,并对要引种鸡群进行检查,引进后进行隔离观察,确认健康后方可进场。养鸡场不要饲养其他禽类及野鸟,严格执行兽医卫生管理制度,防止禽流感传入。避免发生新城疫等烈性传染病和传染性法氏囊病、网状内皮组织增生症、禽白血病等免疫抑制性疾病。

(2)免疫预防 疫苗免疫是防制本病的主要手段,禽流感疫苗主要分灭活疫苗和基因工程疫苗两大类。灭活疫苗目前应用最广泛,主要包括自然分离株和重组病毒研制的疫苗(基因重配重组、利用反向基因操作技术重组)。基因工程疫苗主要有禽流感重组鸡痘病毒载体活疫苗(H5亚型)和新城疫、禽流感重组二联活疫苗(rLH5株)。

目前,我国流行的主要是 H5 和 H9 亚型,在防疫中,既要重视对 H5 亚型禽流感的免疫接种,也不可忽视对 H9 亚型禽流感的免疫预防,可选择 H5＋H9 的二价灭活疫苗。

农业部批准生产和使用的高致病性禽流感疫苗有五种:重组禽流感灭活疫苗(H5N1 亚型,Re-4 株,Re-5 株)、禽流感重组鸡痘病毒载体活疫苗(H5 亚型)、禽流感-新城疫重组二联活疫苗(Re-5 株)、禽流感灭活疫苗(H5 亚型,N28 株)、禽流感 H5(Re-5 株)＋H9 二价灭活疫苗。

有条件的鸡场应定期检测禽流感抗体,免疫程序可以通过抗体监测来确定,当鸡群的平均 HI 抗体下降至 4 log2 时,应进行免疫。

种鸡、蛋鸡参考免疫程序:

7～14 日龄,新城疫-传染性支气管炎-禽流感(H9)三联灭活疫苗,皮下或肌内注射,每只鸡 1 羽份。

21～35 日龄，禽流感二价灭活疫苗（Re-4 株，Re-5 株），皮下或肌内注射，每只鸡 0.5 毫升。

60～70 日龄，禽流感二价灭活疫苗[H5（Re-5 株）＋H9]皮下或肌内注射，每只鸡 0.5 毫升。

100～120 日龄，禽流感二价灭活疫苗（Re-4 株，Re-5 株）皮下或肌内注射，每只鸡 0.6 毫升。

以后每隔 3～4 个月用禽流感二价灭活疫苗[（H5（Re-5 株）＋H9]皮下或肌内注射，每只鸡 0.5 毫升，加强免疫 1 次。

商品代肉鸡参考免疫程序：

10～14 日龄，禽流感-新城疫重组二联活疫苗（Re-5 株）滴鼻或点眼，每只鸡 1 羽份。

7 日龄，禽流感二价灭活疫苗[（H5（Re-5 株）＋H9]，皮下或肌内注射，每只鸡 0.3 毫升。

以上免疫程序仅供参考，生产中应根据自身情况制定。

52. 发生禽流感后怎么办?

发现疑似病例后及时局部封锁消毒，隔离，尽快确诊，严格控制病原扩散，有效保证场内其他禽舍的安全。

确诊鸡群发生高致病性禽流感，可参考国家颁布的高致病性禽流感防治预案。及时上报有关部门，按照 A 类传染病的处理措施进行，主要包括：早期诊断、划分疫区、严格封锁、捕杀感染的所有禽类，对疫区内可能受到污染的动物场所进行彻底消毒，对疫区周边受到威胁的未发病鸡群，紧急免疫接种同亚型的禽流感灭活苗，用疫苗建立免疫隔离带，以防疫情扩散。鸡群淘汰后，鸡舍要严格消毒，空舍 1～2 个月后方可进鸡。

本病尚无特效的治疗方法。发生低致病性的禽流感，在确保疫源不外传的情况下可采取一些治疗措施。目前国内外均采用"冷处理"的方法，即在严格隔离、消毒的条件下，对症治疗，以减少损失。利用抗病毒药物如利巴韦林、吗啉胍等药物、干扰素或大青叶、板蓝根等中药进行治疗。同时在饲料或饮水中添加多维素、甘草冲剂、抗生素等药物,提高机体抵抗力,防止继发感染。

53. 传染性支气管炎是怎样发生与流行的? 有哪些流行特点?

鸡传染性支气管炎(IB)是由传染性支气管炎病毒(IBV)引起的急性高度接触传染性的呼吸道病,其临床诊断特征为咳嗽,打喷嚏,气管啰音。雏鸡可由于呼吸道或肾脏的感染而死亡,产蛋鸡产蛋下降,给养鸡业造成了巨大的经济损失。目前,该病呈世界范围流行,由于传染性支气管炎病毒不同的血清型之间有不完全的交叉免疫保护,而自然界中新的血清型不断出现,这样就使得其诊断和防治变得十分复杂和困难。

传染源主要是病鸡和康复后的带毒鸡,本病的主要传播方式是病鸡从呼吸道排出病毒,经空气飞沫传染给易感鸡。此外,通过被污染的蛋、饲料、饮水、用具等也能经消化道感染。本病潜伏期短,传播迅速,一旦感染,很快传遍全群。易感鸡与病鸡同舍饲养,往往在 48 小时内即可出现症状。一栋鸡舍发病,15 天内可传至全场。

自然感染仅见于鸡,各种日龄的鸡均可感染,但以雏鸡发病严重。随着年龄的增长,鸡对由于感染而引起的致肾炎作用、输卵管病变及死亡更具有抵抗力。影响发病和死亡的因素包括感染株的毒力、鸡群的年龄、免疫状态、应激(例如寒冷、通风不良、拥挤)或继发细菌感染。曾观察到因感染某些致肾病毒株如"T"株而出现严重死亡的情况,幼年鸡的死亡率可达 30%,甚至更高;6 周龄以上的鸡死亡率较低,肉鸡的死亡率比蛋鸡要高些。

一年四季均可发生,但以气候寒冷的季节多发。各种应激都是发病诱因。

在我国 1990 年以前主要流行的症状型是呼吸道病变型（简称呼吸型），1991 年出现了肾脏病变型（简称肾型），1995 年以后出现输卵管病变型（简称输卵管型），1998～1999 年我国许多地方又出现了一种以腺胃肿大为特征的新型传染性支气管炎（简称腺胃型）。

54. 传染性支气管炎有哪些临床症状和剖检变化？

(1)呼吸型 症状主要表现为呼吸道炎症和产蛋率下降。在雏鸡群中有明显的咳嗽、气喘、流泪、甩头等病状，严重的病鸡群里可以见到部分鸡呼吸困难，呈现缓慢的腹式深呼吸。肺部有啰音，有些鸡会因窒息而死亡。剖检可见到气管有环状充血，并且气管下段充血较上段严重。有时气管内有多量的稀薄渗出物但无血块。病程 7～10 天，死亡率不等，轻的一过而停，重的则死亡率高。也有些临床症状不明显的往往在检测抗体时因抗体突然上升而得确诊。成年鸡发病，呼吸道症状多不明显，只表现产蛋下降、畸形蛋、小蛋、软壳蛋、白壳蛋增多，蛋清稀薄如水样，死亡很少。易与非典型性新城疫、慢性呼吸道病、减蛋综合征混淆。由于国内普遍采用了 H120、H52 株疫苗预防，本型发病率不高。

(2)肾型 在我国流行广泛，但各地发病日龄不同。最早的在 7 日龄即发病，更多的则见于 30～50 日龄，也有在育成后期或产蛋期发病的病例。一般发病越晚，症状越轻，死亡率越低。多呈慢性病程。发病鸡外观消瘦，排白色稀便，尾毛被白色尿酸盐污染。少数病鸡有呼吸道症状，日龄较大的鸡则呼吸道症状轻微或不出现。病鸡多因肾衰竭或尿毒症而死亡。外观症状不特异，一般多在剖检后发现肾脏明显肿大而做出临床诊断。剖检变化主要表现为肾脏肿大、苍白，明显突出于脊椎骨，在肾表面可见白色尿酸盐结晶。严重者可见心包膜和输尿管均有尿酸盐沉积，同时呼吸道也有充血性病变。

(3)腺胃型　多发生于20～90日龄的育成鸡,有的肉鸡群从4日龄就可出现症状。临床表现呼吸道症状,同时明显减食,精神不振,体重下降,最后多因衰竭死亡。病程在10～15天。死亡高峰在发病后的5～8天,蛋鸡发病率可占到全群的30%,死亡率约15%;肉鸡发病率可达100%,死亡率可高达90%以上。病理剖检的特征是消瘦,腺胃肿大如球状,腺胃壁增厚,较正常硬。腺胃黏膜充血、出血和溃疡。个别腺胃乳头出血,腺胃与肌胃交界处的角质膜有溃疡。腺胃在发病后期大而松弛,内壁皱褶和乳头消失,囊壁很薄,比正常腺胃大数倍以上。

(4)输卵管型　主要表现在鸡群产蛋高峰期。鸡群10%～30%的母鸡不产蛋,但精神状态甚佳,营养状况良好,鸡冠大而红,脸部红润,比正常母鸡还显得健康。剖检可见到病鸡的输卵管发育不全,并且变得纤细菲薄,从泄殖腔处向上延伸一段后即出现盲端,输卵管伞缺失。残存的输卵管内可存有少量白色或透明液体。而卵巢发育多正常,存在多个成熟的卵黄,养殖户称这种病鸡为"假母鸡"。

55. 如何诊断传染性支气管炎?

由于该病临床症状和病理变化复杂多样,又常与支原体、大肠杆菌等混合感染,给其诊断带来困难。通过流行病学调查、临床观察、病理剖检,只能做出初步诊断,最终确诊还需依靠实验室检验结果。

(1)实验室诊断

①病毒分离鉴定　根据病史从感染鸡的气管、肺脏、肾脏、泄殖腔、输卵管、盲肠、扁桃体采样,将样品匀浆、离心加双抗处理后,接种鸡胚或气管环培养物进行病毒分离。将病料匀浆过滤加双抗处理后,接种9～10日龄SPF鸡胚,选择新城疫病毒凝集反应呈阴性的尿囊液,在鸡胚盲传3～5代,待出现典型的侏儒胚病变后,

进行鸡胚内新城疫病毒干扰试验。有时原始病料混入新城疫病毒,此时可用新城疫病毒抗血清进行处理,再接种鸡胚以达到提纯传染性支气管炎病毒的目的。

②血清学诊断　目前,用于传染性支气管炎血清学诊断的常规方法包括病毒中和试验(NT)和红细胞凝集抑制试验(HI)。此外反向间接血凝试验(RIHA)、酶联免疫吸附试验(ELISA)、斑点酶联免疫吸附试验(Dot-ELISA)、单抗介导的荧光抗体技术(IF)、琼脂扩散试验(AGP)、对流免疫电泳等方法逐步应用于实践,显示出各自的优越性,其中 ELISA、IF 和 AGP 是检查群特异性抗体的血清学方法,适合于传染性支气管炎初步诊断;常用 NT 试验和 HI 试验进行血清型鉴定;进行 HI 试验时抗原需要经适当的物质,如Ⅰ型磷脂酶、神经氨酸酶、胰酶、A 型魏氏梭菌培养液等处理后,方具有血凝性。

(2)鉴别诊断

①新城疫　新城疫传播比传染性支气管炎慢,症状更严重,慢性病例可出现神经症状,死亡率更高,产蛋鸡群的产蛋量下降往往更为严重,在十二指肠、直肠、盲肠、扁桃体和气管等部位可见到明显出血。传染性支气管炎则是鸡呼吸道疾病中传播最为迅速的疾病,潜伏期短,无前驱症状,突然出现呼吸道症状,并很快波及全群,病死鸡常出现花斑肾。新城疫病毒具有血凝性,接种鸡胚后引起全身出血,鸡胚 72 小时死亡。传染性支气管炎病毒经处理后才有血凝性,接种鸡胚引起侏儒胚,72 小时死亡数量少。

②传染性喉气管炎　主要发生于成年鸡,传播比传染性支气管炎稍慢些,但呼吸道症状和病变更加严重。病鸡咳出血样渗出物,肉眼可见的气管黏膜面上有黄色和血样渗出物覆盖。病毒无血凝性,接种鸡胚后在鸡胚绒毛尿囊膜上可见痘斑。

③传染性鼻炎　颜面水肿是该病的特点,多见于 2～3 月龄以上的青年鸡、成年鸡,传播慢,适当使用抗菌药物有良好的效果。

④痛风　常与肾型传染性支气管炎相混淆，一般无呼吸道症状，无传染性，且多与饲料配合不当有关，通过对饲料中蛋白的分析、钙磷分析即可确定。

56. 如何防控传染性支气管炎？

(1)预防措施　平时应加强饲养管理和消毒，尽量避免应激、营养物质的缺乏和其他病原尤其是大肠杆菌和鸡毒支原体的感染。季节交替时注意气温的变化，防止冷应激。特别是在育雏早期要注意温度相对稳定，最好达到适宜温度的上限。

适时接种疫苗，做好免疫预防工作。由于传染性支气管炎病毒抗原型的多样性和变异性，要想彻底地防制，必须不断从病鸡中分离病毒，确定本场或本地区病毒的血清型，选择相应的毒株疫苗。最好用从现场分离的病毒制成灭活苗，结合 H120 和 H52 弱毒苗，才能最有效地防制传染性支气管炎的发生。如果本地没有条件分离病毒，就要使用含多种血清型的多价苗。当前使用的疫苗主要有弱毒疫苗和灭活疫苗，基因工程疫苗尚处于研制阶段。

H120 是通过鸡胚传至 120 代的弱毒株，具有良好的免疫原性，通常用于雏鸡的首次免疫接种。H52 是鸡胚传至 52 代次的弱毒株，毒力稍强，一般用于 8～10 周龄鸡重复免疫和成鸡免疫，接种后对呼吸型传染性支气管炎能起到很好的免疫效果。对于有肾型传染性支气管炎的鸡场，最好选用肾型传染性支气管炎疫苗（Ma5 或 28/86）进行免疫接种。传染性支气管炎弱毒疫苗的常规免疫途径是喷雾、点眼和饮水。最好先用弱毒苗作基础免疫，再用灭活疫苗注射免疫。

蛋鸡和种鸡推荐的免疫程序：1 日龄用新城疫-传染性支气管炎 H120 二联疫苗喷雾免疫；10 日龄用 H120＋肾型＋腺胃型三价油乳剂灭活苗注射；25～28 日龄用 H52 苗接种；120 日龄用 H120＋肾型＋腺胃型三价油乳剂灭活苗再注射 1 次。

商品肉仔鸡推荐的免疫程序:7～10 日龄用Ⅳ-传染性支气管炎 H120 二联苗点眼滴鼻,若鸡场有肾型传染性支气管炎发生,可用 Ma-5 传染性支气管炎疫苗于 1 日龄和 15 日龄免疫。

需要注意的是,因为传染性支气管炎病毒会干扰新城疫病毒的复制,应先用新城疫疫苗后用传染性支气管炎疫苗,或使用大型疫苗厂生产的新城疫、传染性支气管炎二联苗;对于传染性支气管炎苗和传染性法氏囊病苗,应先免传染性支气管炎苗后免传染性法氏囊病苗,以免后者影响前者的作用;同时,传染性支气管炎苗与传染性喉气管炎疫苗的免疫应相隔 5 天以上。

(2)发病后的处理措施 本病目前尚无特效治疗药物,可采取以下措施进行综合防制:①避免一切应激反应,保持鸡群的安静,停止免疫和转群。提高育雏温度 2℃～3℃。②应用抗病毒药物如利巴韦林等。③在饲料或饮水中添加抗生素,防止大肠杆菌等病原的并发或继发感染;不应使用任何损害肾脏的药物,如磺胺类药物、硫酸安普霉素等,可以选用酒石酸泰乐菌素等药物。④降低饲料中蛋白质水平,饲料中粗蛋白质含量在 14%～15% 比较适宜。饲料中多种维生素用量加倍,尤其要重视维生素 A 的添加;对于肾型传染性支气管炎,应供应充足的饮水,并在饮水中添加电解多维,以补充大量丢失的钠和钾离子,减轻肾炎造成的损害,或者应用减轻肾肿的药物如肾康等。

57. 传染性喉气管炎是怎样发生与流行的? 有哪些流行特点?

鸡传染性喉气管炎(ILT)是由鸡传染性喉气管炎病毒(IL-TV)引起的一种急性呼吸道传染病。该病的特征为呼吸困难、气喘、咳嗽并咳出血样分泌物,剖检病变为喉头、气管黏膜肿胀、出血并形成糜烂。

病鸡和带毒无症状鸡是主要传染源,康复鸡有少数隐性带毒散播病原。接种过本病疫苗的鸡,在较长时间内排出有一定致病力的病毒。饲料、饮水、用具、野鸟及人员衣物等能携带病毒,扩散传播,病毒由呼吸道和眼睛侵入鸡体。本病具有高度接触传染性,此病在同群鸡传播速度快,群间传播速度较慢,常呈地方性流行。

在自然条件下,本病主要侵害鸡,各日龄的鸡均能发生,但通常只有成年鸡和大龄青年鸡才表现出典型症状。

本病一年四季均可发生,尤以冬、春季多发。鸡群密度过大、拥挤、鸡舍通风不良、维生素缺乏、寄生虫感染等,都可促进本病的发生和传播。本病传播快,发病率高达 90%～100%,死亡率平均在 10%～20%。产蛋鸡群感染后产蛋率迅速下降。

58. 传染性喉气管炎有哪些临床症状和病理变化?

该病的临床特征为呼吸困难、气喘、咳嗽并咳出血样分泌物,病变多在气管上 1/3 处。病鸡伸颈张口吸气,低头缩颈呼气,闭眼呈痛苦状。多数鸡表现精神不振,食欲下降或拒食,呼吸时发生湿性咳嗽,发出响亮的喘鸣声,呈下蹲姿势,咳嗽时甩头,甩出血样痰液。从鼻流出浆液性或脓性黏液,呈半透明状。有时眼角存在脓状物,眼睑肿胀,甚至封闭整个眼球。严重病例,极度呼吸困难,痉挛性咳嗽,咳嗽或摇头时咳出带血的黏液,有的病鸡因气管内渗出物不能咳出而窒息死亡。病鸡鸡冠和肉髯发绀,有时排出绿色、黄白色稀便,最后多因衰竭而死亡。产蛋鸡产蛋量迅速下降或停止产蛋,产薄皮蛋、无壳蛋增多。

病理变化主要表现为喉头和气管肿胀、充血、出血、覆有多量浓稠黏液,或黄白色假膜,或黄白色豆腐渣样渗出物,并常有血液凝块,气管的病变在靠近喉头处最重,往下稍轻。病鸡的眼结膜和眶下窦充血和水肿,鼻腔有黏液。

59. 如何诊断传染性喉气管炎?

本病发生突然,传播快,成年鸡多发,发病率高,死亡率因条件不同而差别较大。病鸡大多呈现剧烈的呼吸道症状,常能咳出带血的黏液,有典型的头向前、向上张口吸气动作。剖检病鸡或死亡鸡,喉头和气管黏膜上附着黄白色和血样渗出物,容易剥离者为本病的特征。根据以上发病特点、临床症状、病理变化可做出初步诊断,确诊还需要实验室诊断。

(1)实验室诊断 ①在病的初期(1~5天),用气管黏膜涂片或切片标本观察时,黏膜上皮细胞内可见核内包涵体。②取发病鸡的气管、肺组织及气管分泌物,经适当处理后制成悬液,离心取其上清液,接种9~12日龄SPF鸡胚绒毛尿囊膜,接种病料的鸡胚明显矮小或萎缩,鸡胚绒毛尿囊膜形成不透明的痘斑。发病、死亡鸡的喉头、气管、肺及气管分泌物,经适当处理,离心后取上清液作抗原,用标准传染性喉气管炎抗体与之做琼脂扩散试验,在抗原和标准抗体之间出现明显的沉淀线;另用标准抗原和未用过传染性喉气管炎疫苗免疫而发病康复后的鸡血清做AGP试验,两者之间出现沉淀线。

(2)鉴别诊断 鸡传染性喉气管炎临床上与鸡新城疫、传染性支气管炎等呼吸道传染病有些相似,容易发生误诊,应注意鉴别。

①新城疫 主要症状是咳嗽,伸头张口呼吸,呼吸困难,传播较喉炎快,粪便黄绿色或黄白色,后期粪便蛋清样,有神经症状。病变主要是腺胃乳头出血,小肠黏膜出血或坏死,常形成枣核样溃疡,气管病变以气管环充血、出血为主。

②黏模型鸡痘 传播慢,症状主要是张口呼吸,采食困难。病变主要是喉头有黄白色干酪样可剥离假膜,剥离后气管表面出血。

③维生素A缺乏 大群鸡表现消瘦、废食,生长停滞。个别鸡咳嗽,严重时呼吸困难,眼中有渗出物,眼睑肿胀,不具有传染

性。病变主要是呼吸道和食管有干酪样物质。

④传染性支气管炎　主要症状是张口呼吸,呼吸困难,传播速度较传染性喉气管炎快,咳嗽少见,产蛋鸡产蛋下降快,畸形蛋、软蛋多。病变主要在气管的下部和支气管有浆液性或干酪样渗出物,常见肾脏尿酸盐沉积,产蛋鸡卵巢滤泡充血、出血、坏死。

60. 如何防控传染性喉气管炎?

(一)预防措施　严格执行兽医防疫制度,引进鸡时要加强检疫,防止引进带毒鸡。鸡群一旦感染本病,对幸存的鸡应采取全进全出的措施,以免其带毒散播病原。本病毒对外界环境的抵抗力较弱,一般不易经空气远距离传播。在附近的鸡场发病时,采取彻底的隔离饲养等措施,可防止本病的侵入。

加强饲养管理,提高鸡群的健康水平,改善鸡舍通风条件,降低鸡舍内有毒有害气体的含量。

免疫接种是预防本病较有效的方法,目前多用弱毒活疫苗,由于该病是上呼吸道病,灭活苗所产生的循环抗体难以对鸡群起到保护作用,所以很少用灭活苗。理论上,活疫苗有排毒散毒的危险。因此从未发生过本病的鸡场不主张接种疫苗,主要依靠综合预防措施来预防本病的发生。当前我国鸡场普遍对该病使用活疫苗免疫预防。免疫时应注意以下事项:

其一,鸡传染性喉气管炎疫苗免疫普遍存在副反应。接种后4天可能发生轻度的眼结膜反应,此反应在干燥、多尘的鸡舍更容易发生,大约在3天后症状可自行消失。用鸡胚制备的弱毒疫苗与用组织培养物制备的疫苗相比,其疫苗病毒的毒力容易通过鸡体的传代而返强。有些厂家生产的疫苗应用后反应非常强烈,会造成瞎眼、喘气,以及并发大肠杆菌病或慢性呼吸道病。因此应注意选择质量可靠的疫苗,减少因疫苗反应造成的损失。如果发生了上述不良反应,可以采用抗生素饮水、点眼等措施来挽救。

其二,使用疫苗时应严格遵守说明。正确地稀释疫苗,以保证其品质。不要用饮水或喷雾的方法接种,应采用厂方提供的滴管,并保证鸡一滴不漏地得到足够剂量的疫苗,保证免疫接种效果。

其三,在接种该疫苗后7天内,不应接种其他的呼吸道病活疫苗,如新城疫和传染性支气管炎疫苗。在有支原体感染的鸡群,接种后会引起较严重的副反应,所以接种前后3天内应使用有效的抗生素治疗支原体。

其四,由于幼龄鸡群对此病不敏感,为减少接种后的反应,可将首次免疫的时间提前至2周龄左右。在一些疫区,也可使用强毒株疫苗,采用泄殖腔接种法,可以取得较好的效果,但排毒危险性较大,条件不成熟或条件不允许的鸡场严禁使用。

(2)发病后的处理措施　发病后对病鸡进行隔离饲养,加强饲养管理,做好消毒防疫工作。由于带毒鸡是本病的传染来源,且带毒时间长,应将病鸡群尽快淘汰处理,鸡舍等消毒后空闲1个月再进鸡。对于新引进的鸡群可放少量易感鸡混合饲养,观察2周,易感鸡不发病,表明不带毒,方可混群饲养。

本病目前无特效药物治疗。发病时,一般选择紧急点眼免疫,投喂抗菌药物防止细菌性继发感染。在饲料中加入甲磺酸达氟沙星、氟苯尼考防止继发感染细菌性疾病;若并发支原体病时,则同时用恩诺沙星、泰乐菌素,饮水或肌内注射。可对鸡群采取对症治疗,如投服牛黄解毒丸、喉症丸,或其他清热解毒利咽喉的中药或中成药物,有一定效果。

暴发鸡传染性喉气管炎的鸡场,应结合鸡群的状况,对所有未曾接种过疫苗的鸡进行疫苗的紧急接种。紧急接种应从离发病鸡群最远的健康鸡开始,直至发病鸡群,对于控制疫情也有一定的作用。

61. 传染性法氏囊病是怎样发生与流行的? 当前流行特点有哪些?

传染性法氏囊病(IBD)是中雏和青年鸡的一种高度接触性传染性免疫抑制性传染病。本病病原为传染性法氏囊病病毒(IBDV),主要侵害鸡的体液免疫中枢器官—法氏囊,从而引起免疫抑制,使感染鸡对其他致病因子的感染性增强,对其他疫苗的免疫应答能力下降。临床表现为鸡精神不振、厌食、腹泻和高度虚弱。剖检以机体脱水,肌肉出血,法氏囊肿大、出血为特征。

病鸡是主要的传染源。病鸡的粪便中含有大量的病毒,可通过直接接触病鸡或污染病毒的饲料、水、垫料、尘埃、用具、车辆、人员、衣物等经消化道传播。

本病常发生于 2 周龄至开产前的小鸡,3～7 周龄为发病高峰期。雏鸡群突然大批发病,2～3 天内可波及 60%～70% 的鸡,发病后 3～4 天达到死亡高峰,7～8 天后死亡停止。一年四季均可发生,以 4～7 月份流行较为严重。

当前该病的流行出现了以下特点:

一是非典型病例增多,反复发病的鸡群、鸡场增多。一方面典型传染性法氏囊病发病率居高不下,另一方面非典型传染性法氏囊病发病率逐年升高,其临床表现及病理变化呈非典型性,无明显的尖峰式死亡现象,死亡率不高,但病程延长、反复发病的鸡群增多,同批鸡多次发病,有的鸡群肌注卵黄抗体达 3～5 次,同一鸡场不同批鸡也先后发病。

二是宿主范围扩大。过去一直认为鸡是鸡传染性法氏囊病病毒的唯一自然宿主,但最近研究表明,麻雀、鸭、鹅均可自然感染法氏囊病毒,成为病毒的携带者。从鸡舍采集到的小粉甲虫中分离到法氏囊病毒,说明其可能充当生物学和机械的传播媒介。

三是出现变异毒株和超强毒株。传染性法氏囊病毒变异毒株的抗原性与血清Ⅰ型存在明显差异,传统疫苗株对其交叉保护力仅为10%～30%,致病特性以出现亚临床型症状为主,没有经典毒株所导致的高死亡率及典型的腿肌出血等症状,不引起明显的炎症反应,感染鸡群死亡率不高,但可引起肝脏坏死和明显的脾脏肿大。最典型的病变是病鸡法氏囊迅速萎缩,并导致严重的免疫抑制。超强毒株vvIBDV虽然抗原性无变化,但鸡血液中传统疫苗株高滴度的抗体并不能抵抗其攻击。临床症状与经典毒株相同,病变却更严重,可使法氏囊、胸腺、脾脏和骨髓严重损伤,死亡率在50%以上。

四是传染性法氏囊病并发症、继发症增多,法氏囊病毒可以造成法氏囊组织破坏,影响机体体液免疫应答,导致免疫抑制。发病鸡日龄越早,免疫抑制越严重,如果鸡群2周龄以前发生传染性法氏囊病会造成终身免疫抑制,从而降低机体对其他疾病的抵御能力,发病鸡群极容易继发或并发其他细菌性或病毒性疾病,如大肠杆菌病、新城疫等,所造成的间接损失往往超过传染性法氏囊病造成的直接损失。

62. 传染性法氏囊病的症状和病变有哪些?

本病潜伏期为2～3天,易感鸡群感染后突然发病,病程一般在1周左右,典型发病鸡群的死亡曲线呈尖峰式。病初可见个别鸡突然发病,精神不振,1～2天内可波及全群,精神沉郁,羽毛蓬松,食欲下降,饮水增多,有些自啄肛门,腹泻,排出白色稀粪或蛋清样稀粪,内含有细石灰渣样物,干涸后呈石灰样,肛门周围羽毛污染严重;畏寒、挤堆,严重者垂头、伏地,严重脱水,极度虚弱,对外界刺激反应迟钝或消失,后期体温下降。发病后1～2天病鸡死亡率明显增多且呈直线上升,5～7天达到死亡高峰,其后迅速下降。耐过雏鸡贫血消瘦,生长缓慢。

剖检病变主要表现为法氏囊的特征性病变,病初可见法氏囊水肿,体积和重量增加,可达正常的2~3倍,如草莓大,浆膜面呈黄色胶冻状浸润,表面的纵行条纹显而易见,囊内黏液增多,有时呈乳酪样,有散在的出血斑点,有的法氏囊出血严重,外表呈葡萄样,囊内充有血性内容物,感染发病3~4天后,病鸡的法氏囊开始萎缩,至第八天,重量仅为正常的1/3,仍有糊状或干酪样渗出物。另外,病死鸡表现脱水,腿和胸部肌肉常有出血点或出血斑,腺胃和肌胃交界处黏膜出血。肾肿胀,肾小管和输尿管充满白色尿酸盐。

63. 怎样诊断传染性法氏囊病?

在本病流行地区,根据流行特点、症状和剖检变化可做出初步诊断,但确诊需进行实验室诊断。

(1)实验室诊断 方法很多,如病理组织学检查、病毒的分离培养鉴定,常用的是琼脂扩散试验。在感染后24~96小时,法氏囊中病毒含量较高,可用已知阳性血清检查法氏囊匀浆中的抗原;感染6天以上,可检查病愈鸡血清中的沉淀抗体,该抗体可维持10个月不消失。

(2)鉴别诊断

①新城疫 可能出现腺胃乳头及其他器官出血,但病程长,多有呼吸道和神经症状,经血凝抑制实验(HI)测定,常可达9~11(log2),而发生鸡传染性法氏囊病的鸡群,其HI价常为2~3(log2)。

②肾型传染性支气管炎 雏鸡常见肾脏肿大,肾小管内有尿酸盐结晶,肾脏色淡,颜色呈斑驳状(大理石样)。输尿管增粗,管腔内积有大量尿酸盐结晶。有时见法氏囊的充血或轻度出血,但法氏囊无黄色胶冻样水肿,耐过的鸡法氏囊不见萎缩和蜡黄色。病鸡表现出以气管啰音、喘息、咳嗽、鼻窦的多量浆液性或干酪样渗出物为特征的呼吸道症状。

③鸡马立克氏病　有时可见法氏囊的肿大、萎缩,但法氏囊的组织学观察及其他器官的病理变化特征与传染性法氏囊病有明显的区别。鸡马立克氏病病毒多见外周神经肿大,在腺胃、性腺、肺脏上出现肿瘤病变。临床常见两种病的混合感染,早期感染传染性法氏囊病病毒,则可增加鸡马立克氏病的发病率。

④大肠杆菌病　可见法氏囊轻度肿大,呈灰黄色,但不见水肿及萎缩。病鸡多见肺炎、肝包膜炎、心包膜炎等病理变化。

⑤包涵体肝炎　法氏囊有时出现萎缩而呈灰白色,但常见肝出血、肝坏死的病变,骨髓常呈黄色。病鸡鸡冠多苍白,有时与传染性法氏囊病混合感染,加重本病发生。

⑥禽白血病　多发生在18周龄以上的鸡,性成熟期发病率最高。肝、肾、脾多见肿瘤,法氏囊增生,呈灰白色,不见法氏囊出血、胶冻样水肿及蜡黄色萎缩病变。

⑦肾病　病死鸡常有急性肾病的表现。法氏囊出现萎缩,但不如传染性法氏囊病的严重,多呈灰色。此病多散发,通过对鸡群病史的了解,可鉴别。

⑧葡萄球菌病　此病除引起各关节肿大外,可见皮肤液化性坏死,此时病鸡皮下组织有多量胶冻样黏液性渗出液,法氏囊呈灰粉色或灰白色。

⑨真菌中毒　饲料被黄曲霉菌毒素污染后,所产生的黄曲霉毒素对2～6周龄的鸡危害严重,可见神经症状,死亡率可达20％～30％。肝多肿大,胆囊肿胀,皮下及肌肉有时见出血,但法氏囊仅呈灰白色,不见萎缩及肿大的病变。

⑩磺胺类药物中毒　各种磺胺类药物的用量超过0.5％时,如果连用5日就可引起鸡体中毒。中毒鸡表现为兴奋、无食欲、腹泻、痉挛,有时麻痹。剖检死鸡,可见出血综合征的多种病变:皮肤、皮下组织、肌肉、内脏器官出血,并见肉髯水肿、脑膜水肿及充血和出血,但此时法氏囊呈灰黄色,不见水肿及出血,停药后病情

即缓解。

64. 传染性法氏囊病的疫苗种类有哪些？免疫失败的原因有哪些？

目前使用的疫苗主要有灭活苗和活苗两种。灭活苗主要有组织灭活苗和油乳剂灭活苗，使用灭活苗对已接种过活苗的鸡效果好，并使母源抗体保护雏鸡长达 4～5 周。活苗按其毒力大致分为三类，一是高度致弱的温和型毒株。这种疫苗对法氏囊没有任何损伤，但接种后抗体产生迟，抗体效价也较低，对自然界较强的传染性囊病病毒保护率低。二是中度致弱的中等毒力型活疫苗。此种疫苗接种雏鸡后对法氏囊有轻度的、可逆的损伤，接苗后 72 小时在法氏囊浆膜面和囊内黏膜的皱褶上可见散在的、针尖大小的灰白色小点。但此种反应多在接种后 10 天内完全消失，多数疫苗不会造成免疫抑制。在我国市场上销售的以中等毒力疫苗为主，其又有毒力偏弱、偏强的不同表现，中等偏强强毒力株疫苗会造成法氏囊不可修复损伤，导致免疫抑制。三是高毒力型疫苗，由于它对法氏囊的损伤严重，目前世界上多不使用。

目前造成鸡传染性法氏囊病免疫失败的原因有以下几点：

其一，毒株变异。该病病毒有两个血清型，Ⅰ型和Ⅱ型。Ⅱ型对鸡不致病。研究证明在致病性血清Ⅰ型毒株之间，各亚型的相关病原性在 10%～100% 之间。变异株的存在是免疫失败的一个重要原因。这就要求选用含广谱抗原的疫苗进行免疫预防。

其二，毒力增强。超强毒株既能使有较高水平母源抗体的雏鸡发病，也能使大周龄鸡发病。

其三，消毒措施不到位。法氏囊病毒对外界的抵抗力较强，如果环境卫生消毒工作不力，可增加感染风险。

其四，免疫程序及免疫操作不当。在实际生产中合理的免疫时机很难掌握，要考虑母源抗体问题，过早或过晚接种都不会有好的效果。另外,免疫接种操作不当可能使鸡不能获得足够疫苗剂量而影响免疫力的建立。

其五,其他免疫抑制性疾病的影响。鸡传染性贫血、网状内皮组织增殖病、马立克氏病、禽白血病、呼肠孤病毒感染、维生素 E缺乏、霉菌毒素中毒、环境应激等免疫抑制性疾病会对传染性法氏囊病疫苗免疫效果造成不良影响。

65. 如何防控传染性法氏囊病?

(1)预防措施

①加强环境卫生消毒工作　首先要注意对环境的消毒,单纯依靠疫苗不能有效防治该病。这是因为该病病毒对各种理化因素都有较强的抵抗力,一旦鸡场受到强毒污染,病毒可在较长时间内存在于养鸡环境内,在这种环境中饲养的雏鸡,由于大量强毒可优先于疫苗毒突破雏鸡体内的母源抗体,使法氏囊受到侵害,面对此种情况,再有效的疫苗也不能起到应有的效力。因此,消毒卫生工作,必须贯穿种蛋孵化全过程和育雏等阶段中,以预防强毒的早期感染。消毒药以次氯酸钠、甲醛和含碘制剂效果较好。

②做好免疫接种　对于母源抗体水平正常的种鸡群,一般多采用 2 周龄弱毒苗免疫 1 次,5 周龄弱毒苗加强免疫 1 次,产蛋前(20 周龄时)和 38 周龄时各注射油佐剂灭活苗 1 次,一般可维持较高的母源抗体水平。肉用雏鸡或蛋鸡视抗体水平多在 10~14天和 21~24 天进行 2 次弱毒苗免疫。

雏鸡有低或无母源抗体时,用弱毒苗(如 D78 株)或 1/3~1/2 剂量的中毒力苗尽早免疫,在 1~3 日龄时首免,10~14 日龄二免;在有高母源抗体时,在 18 日龄左右首免,28~35 日龄二免;母源抗体参差不齐时,在 1~3 日龄首免,16~22 日龄二免。

(2)发病后的处理措施　发病鸡舍应严格封锁,消毒。在发病早期,使用高免血清、高免卵黄抗体及中草药方剂均有一定的治疗效果,可以减轻病症,控制疫情。利用病愈鸡的血清(中和抗体价为 1：1024～4096)或人工高免鸡的血清(中和抗体价为 1：16000～32000),每只肌注 0.1～0.5 毫升,对刚发病的鸡有较好的治疗效果。也可使用高免卵黄抗体给鸡注射,为了减少法氏囊病造成的大量鸡只死亡,或保护雏鸡度过生理性免疫缺陷期,雏鸡每只肌注 0.5～2 毫升,效果比较可靠,多用于高发日龄前后预防或发病早期治疗。

发病后应积极改善饲养管理和消除应激因素,可在饮水中加入复方口服补液盐以及多种维生素等,以保持鸡体内的水、电解质、营养平衡,促进康复。此外,还应及时选用有效的抗生素,控制继发感染。

66. 鸡马立克氏病是怎样发生与流行的?

鸡马立克氏病(MD)是由马立克氏病病毒(MDV)引起的一种淋巴组织肿瘤性疾病。其特征是病鸡的外周神经、性腺、虹膜、各种脏器、肌肉和皮肤等部位的单核细胞浸润和形成肿瘤病灶。

本病存在于世界各个养禽国家,随着养鸡集约化程度的提高,对养鸡业的影响也越来越大。在流行地区,其发病率在 5%～50%。

病鸡和隐性感染病鸡是主要的传染源,病鸡和带毒鸡毛囊上皮能产生大量的具有囊膜的完整病毒,并可脱离细胞排至外界,污染环境。在垫料、鸡粪和羽毛囊上皮细胞中的病毒,对外界抵抗能力很强,存活期长,对传播马立克氏病起了很大的作用。在室温下鸡粪和垫料中的病毒可保持 16 周的传染性,而干燥的羽毛在室温下感染性可保持 3 个月,温度在 4℃ 条件下最少可保持 7 年。

本病主要通过直接或间接接触经空气传播。感染时鸡的年龄对发病影响,年龄越小,易感性越强,在生命的早期吸入有传染性的皮屑、尘埃和羽毛可引起鸡群的严重感染。带毒鸡舍工作人员的衣服、鞋靴以及鸡笼、车辆都可成为该病的传播媒介。发病率和病死率差异很大,可由 10% 以下到 60% 不等。

自然感染鸡一般 8～21 周龄发病,感染古典型马立克氏病的鸡可早在第三周发病,但一般以 12～18 周龄鸡发病率最高。近年来由于该病病毒毒力增强,发病日龄有提前的趋势,3～4 周龄开始出现肿瘤,8～9 周龄时已很严重。

67. 鸡马立克氏病在临床上有哪些类型?

根据症状和病变发生的主要部位,本病在临床上分为四种类型:神经型(古典型)、内脏型(急性型)、眼型和皮肤型。有时可以混合发生。

(1)神经型 常侵害周围神经,以坐骨神经和臂神经最易受侵害。受损害神经(常见于腰荐神经、坐骨神经)的横纹消失,变成灰色或黄色,或增粗、水肿,比正常的大 2～3 倍,有时更大,多侵害一侧神经,有时双侧神经均受侵害。当坐骨神经受损时,病鸡一侧腿发生不全或完全麻痹,站立不稳,两腿前后伸展,呈"劈叉"姿势,为典型症状;当臂神经受损时,表现翅膀下垂;支配颈部肌肉的神经受损时,病鸡低头或斜颈;当迷走神经受损时,表现嗉囊麻痹或膨大,食物不能下行。一般病鸡精神尚好,并有食欲,但往往由于饮不到水和吃不到饲料而造成机体脱水、衰竭,或被其他鸡只践踏,最后以死亡而告终,多数情况下病鸡被淘汰。

(2)内脏型 常见于 50～70 日龄的鸡。病鸡精神委顿,食欲减退,羽毛松乱,鸡冠苍白、皱缩,有的鸡冠呈黑紫色,腹泻,排黄白色或黄绿色粪便,迅速消瘦,胸骨似刀锋,触诊腹部能摸到硬块。病鸡脱水、昏迷,最后死亡。

病变主要表现内脏多种器官出现肿瘤,肿瘤多呈结节性,为圆形或近似圆形,数量不一,大小不等,略突出于脏器表面,灰白色,切面呈脂肪样。常侵害的脏器有肝脏、脾脏、性腺、肾脏、心脏、肺脏、腺胃、肌胃等。有的病例肝脏上无结节性肿瘤，但肝脏异常肿大，比正常大 5～6 倍，正常肝小叶结构消失，表面呈粗糙或颗粒性外观。性腺肿瘤比较常见，甚至整个卵巢被肿瘤组织代替，呈菜花样肿大，腺胃外观有的变长，有的变圆，胃壁明显增厚或薄厚不均，切开后腺乳头消失，黏膜出血、坏死。一般情况下法氏囊不见肉眼可见变化。

(3) 眼型 很少见到。病鸡表现瞳孔缩小，严重时仅有针尖大小；虹膜边缘不整齐，呈环状或斑点状，颜色由正常的橘红色变为弥漫性的灰白色，呈"鱼眼状"。轻者表现对光线强度的反应迟钝，重者对光线失去调节能力，最终失明。

(4) 皮肤型 较少见，往往在禽类加工厂屠宰鸡只时褪毛后才发现，主要表现为毛囊肿大或皮肤出现结节。

上述四型临床上以神经型和内脏型多见，有的鸡群发病以神经型为主，内脏型较少，一般死亡率在 5% 以下，且当鸡群开产前流行基本平息。有的鸡群发病以内脏型为主，兼有神经型，危害大损失严重，常造成较高的死亡率。

68. 如何诊断鸡马立克氏病？

本病诊断主要应与禽白血病和网状内皮组织增生症相区别。目前最可靠的诊断方法仍然是临床综合诊断，特别是病理变化。实验室用单克隆抗体做间接荧光检测、PCR 和基因探针，可区分病毒的三种血清型。

病毒分离可作为诊断参考，但更重要的是流行病学研究，如鉴别强毒、超强毒，研制相应疫苗，制定防制策略。应注意的是，同一鸡体内可能存在三种血清型的病毒。分离病毒的病料一般用肝素化全血、血液白细胞、羽毛尖、羽毛囊上皮、肾和脾细胞、肿瘤细胞等（待接种样品可在 4℃ 保存 24 小时），接种鸭胚成纤维细胞和鸡胚肾细胞，一般盲传 6 代以上。但淋巴瘤和潜伏感染组织中，很少检测到含有马立克氏病病毒抗原的细胞。

病毒分离不能作为主要诊断标准,因为鸡常常带毒而不发病,诊断应以流行病学、病理学和肿瘤特异标记等为本病的特异诊断准则。本病应注意与禽白血病相区别,诊断要点如下:①本病多发生在4～16周龄,而白血病多发生在16周龄以上的鸡。②本病可见神经病变,外周神经淋巴组织增生性肿大,特别是颈部迷走神经病变;臂神经丛和坐骨神经肿大,往往是单侧性的,仔细比较二侧神经可做出判断。③16周龄以下病鸡发生多形态淋巴细胞样肿瘤,大于16周龄的病鸡可见胸腺和法氏囊萎缩,在没有法氏囊肿瘤的情况下出现内脏淋巴瘤。④肿瘤病理学检查可见大小不一的淋巴细胞。⑤皮肤肿瘤和虹膜褪色,瞳孔不规则也是诊断本病的重要依据。

血清学诊断方法主要有琼脂扩散试验,检测马立克氏病病毒抗原及其沉淀抗体,本法常用于监测感染或疫苗接种免疫后的鸡群;ELISA试验,主要用于无特定病原鸡群的监测;病毒中和试验、免疫荧光试验,主要用于流行病学调查和研究领域;免疫组化技术,可作为感染标准的鉴别诊断依据。

69. 鸡马立克氏病免疫失败的原因有哪些?

雏鸡出生后均接种马立克氏病疫苗,但目前其免疫失败在全国不同类型的鸡场时有发生。原因主要有以下几方面:

(1)环境中存在病毒 环境中广泛存在着马立克氏病病毒,如果环境卫生控制不好,小鸡一出壳就可能立刻感染,即使1日龄注射了马立克氏病疫苗。实验表明,马立克氏病疫苗注射后至少要1～2周才能在鸡体内产生抗体,达到保护水平。接种疫苗后2～4天保护率只有50%左右,8天达到70%,2周可达到80%～90%。小鸡对马立克氏病的易感性强,就会出现感染和发病。

(2)母源抗体的干扰作用 母源抗体对细胞结合性和非细胞

结合性疫苗均有干扰作用,特别是对火鸡疱疹病毒疫苗(HVT)。雏鸡体内的母源抗体能影响同种血清型马立克氏病病毒疫苗的效果,对弱毒株疫苗起中和作用。试验表明马立克氏病病毒弱毒株疫苗用于没有母源抗体的鸡群,防治强毒株的侵袭特别有效,而对于有母源抗体鸡群,保护力则大大降低。

(3)早期感染其他疾病 60~70日龄的育成鸡可因接种新城疫疫苗激发了马立克氏病的发生。中鸡白痢也可促成马立克氏病的暴发。特别是一些免疫抑制性疾病,如传染性法氏囊病、球虫病等,均可导致免疫失败。

(4)病毒毒力增强 在最近几十年里,鸡群中流行的马立克氏病病毒的毒力或抗病性处于不断演化中,流行毒株由弱毒株(mMDV)逐渐转变为强毒株(vMDV)、超强毒株(vvMDV)和特超强毒株(vv^+MDV)。与此同时,疫苗也由HVT单价苗、HVT＋SB1二价苗发展到Ⅰ型弱毒疫苗CVI 988。用HVT疫苗只能预防强毒株感染,采用HVT和SB1二价苗只能预防毒力指数低于超强毒株感染,只有Ⅰ型的CVI 988/Rispens株疫苗才能有效预防绝大多数流行毒株,包括特超强毒株感染。但近年来国内外又出现了CVI 988也不能提供有效保护的特超强毒株。对此应根据本场的情况,选择合适的疫苗,最大程度避免马立克氏病的发生。

(5)疫苗保存使用不当 马立克氏病疫苗在保存中要注意温度。在使用时才能从冰箱中取出,用多少,取多少,避免反复冷藏。使用时如外界的温度较高,取出的疫苗应放在冷藏瓶中,做到用一瓶稀释一瓶,稀释后的疫苗必须尽快用完,边注射边摇动装疫苗的瓶子。注射部位必须准确,保证每只鸡都注射到疫苗,不放空针。

70. 鸡马立克氏病的防制策略是什么?

本病无治疗价值,应着重抓好预防工作,疫苗接种是预防本病的关键。鸡对于本病有日龄抵抗力,1日龄雏鸡比14日龄易感性大1000倍,鸡免疫马立克氏病疫苗一般7天后才产生保护力,因此,防止出雏室和育雏室早期感染对提高免疫效果和减少损失有重要作用。

(1)防止早期感染 执行全进全出的饲养制度,避免不同日龄鸡混养;实行网上饲养和笼养,减少鸡只与羽毛、粪便接触;严格执行卫生消毒制度,尤其是种蛋、出雏器和孵化室的消毒,常选用熏蒸消毒法。另外,育雏期间应搞好封闭隔离,进雏后5周内对育雏舍消毒每周不得少于3次,以便雏鸡在30日龄内完全不接触马立克氏病病毒。有条件的规模鸡场可用空气过滤器,加强通风达到隔离目的。

(2)免疫接种 疫苗接种是防制本病的关键。免疫后一般7天才产生保护力,这段时期要加强卫生消毒和避免免疫抑制病,如传染性法氏囊病、白血病、球虫病等的干扰。

目前,马立克氏病疫苗主要有单价苗、二价苗、三价苗3类。

血清Ⅰ型疫苗:系马立克氏病病毒强毒株经鸡肾细胞多次传代后致弱,但仍保留其免疫原性,系细胞结合性疫苗,需-196℃低温液氮保存,在欧洲部分地区使用本疫苗。

血清Ⅱ型免疫:为马立克氏病病毒的自然弱毒株,具有高度的免疫原性,可抵御强毒的感染,系细胞结合性,需-196℃低温液氮保存。

血清Ⅲ型疫苗:为一株火鸡疱疹病毒(HVT),主要起干扰作用,属脱离细胞型疫苗,可以冻干,是目前国内外使用最广泛的疫苗。

多价疫苗:是含以上三种血清型中的两种或三种疫苗病毒的联苗,它比只含一种血清型的单价疫苗更能有效地抵御各种不同的马立克氏病病毒强毒,经HVT接种无效的鸡群,用多价苗可获得良好的效果。

火鸡疱疹病毒疫苗(HVT疫苗):自1978年研制成功以来,

对预防马立克氏病发挥了巨大的作用。马立克氏病火鸡疱疹病毒冻干活疫苗(FC-126 株)属血清Ⅲ型马立克氏病病毒,可阻止肿瘤形成,但不能阻止病毒复制,同时易受母源抗体干扰。疫苗注射后14 天可产生免疫力。

HVT 疫苗不能抵抗超强毒的感染,二价苗与血清Ⅰ型疫苗比 HVT 单苗的免疫效果显著提高。由于二价苗与血清Ⅰ型疫苗是细胞结合疫苗,其免疫效果受母源抗体的影响很小,但一般需在液氮条件下保存,给运输和使用带来一些不便。

在尚未存在超强毒的鸡场,仍可应用 HVT,为提高免疫效果,可提高 HVT 的免疫剂量;在存在超强毒的鸡场,应该使用二价苗和血清Ⅰ型疫苗。

CVI 988/Rispens 冷冻活疫苗:属血清Ⅰ型马立克氏病毒,雏鸡 1 日龄免疫,5~7 天后即可产生坚强免疫力,疫苗病毒与鸡马立克氏病强毒株有高度同源性,不受母源抗体干扰。雏鸡接种 14 天后可水平传递疫苗病毒,接种本疫苗后被保护的鸡体内不再复制强毒。二价苗(CVI 988＋FC-126 株),采用低代次的马立克Ⅰ型 CVI 988 种毒和Ⅲ型 FC-126 种毒分别生产,使免疫原性进一步提高,能克服母源抗体的干扰,可抵抗特超强毒的感染。

原则上,疫苗应在出壳后 24 小时内接种完毕,接种时间推迟,雏鸡一旦感染强毒,则免疫失败。不论何种疫苗,使用时应注意:1日龄接种,疫苗稀释后仍要放在冰箱内,并要在 24 小时内用完。

评价马立克氏病疫苗的效力不是看其疫苗滴度高低,而应视其疫苗毒复制速度、程度、最终产生的临床保护力,保护力应通过体内实验即攻毒试验测定和田间观察进行。体内实验最能说明问题,但相对繁杂、费时、成本高。体外实验相对简便,可用细胞培养方法检测病毒含量及感染力,常用蚀斑量(PFU)和半数细胞感染量($TCID_{50}$)。疫苗接种要有足够的剂量,可通过体外实验结合攻毒实验确定多少 $TCID_{50}$/羽份或 PFU/羽份合适,决定疫苗有效效价。

应注意的是,PFU 不等于保护力,它仅表示疫苗中病毒粒子或含病毒的细胞的含量。从效力角度看,PFU 与免疫保护力并不是完全正相关,并非 PFU 越高越好,有人接种 10 万 PFU 并未见雏鸡提高免疫力,反而出现病变。从安全角度看,过多的疫苗反倒会侵袭神经细胞,以致产生软腿(超过 6 000 PFU 在肉鸡中会出现软腿)。在保护和致病两者之间选择一个适度的量,蚀斑量适度最好。保证每只鸡准确接种 1 个剂量即可产生有效免疫保护。

71. 禽白血病是怎样发生与流行的?

禽白血病(AL)是由禽白血病/肉瘤群中的病毒引起的禽类多种肿瘤性疾病的总称,临诊有多种表现形式,在自然条件下,以淋巴白血病最为常见,其他如成红细胞白血病、成髓细胞白血病、髓细胞瘤、纤维瘤、纤维肉瘤、肾母细胞瘤、血管瘤、骨血症等出现频率很低。

禽白血病病毒(ALV)是一种反转录病毒。目前,根据囊膜糖蛋白的抗原性,其亚型主要有 6 种,经典的亚型有 A、B、C、D;E 主要引起蛋用型鸡淋巴细胞样肿瘤和其他细胞类型的肿瘤;近些年来发现新的亚型——J 亚型,主要引起肉用型鸡骨髓样细胞肿瘤及其他细胞类型的肿瘤。根据病毒分布的位置,分为外源性病毒和内源性病毒,外源性病毒不通过染色体传递,包括 A、B、C、D 和 J 亚型,致病性强,鸡群中以 A、B 和 J 较常见;内源性病毒可整合进染色体基因组,通过染色体垂直传播,主要有 E 亚型,通常致病性很弱。鸡场进行鸡白血病毒的净化,主要是净化外源性病毒。

外源性禽白血病病毒在体外抵抗力非常低,其传染方式有 2种,一种经蛋从亲代向后代垂直传播,比例不高,但导致鸡群长期存在感染;另一种是通过直接或间接接触在禽类之间水平传播,横向感染可发生,但较弱较慢。其中垂直传播是主要的传播方式,足以使其代代相传,而水平传播又保证了垂直传播得以维持,尤其是濒死禽通过水平传播,使垂直传播有了充分的传染源。内源性禽白血病病毒一般通过两种性别鸡的生殖细胞进行遗传性传播,许多内源性禽白血病病毒是遗传缺陷型,不能产生感染性病毒粒子;有些则可在鸡胚和孵出的雏鸡表达感染性病毒,然后以与外源性病毒相似的方式传播,但大多数鸡对这种外源性感染具有遗传抵抗性。

公鸡和母鸡都可感染本病,母鸡在本病的流行中起主要作用;而公鸡仅起次要作用,不影响对后代的先天感染的速率。禽白血病病毒不在精细胞中繁殖,但公鸡是病毒的携带者,可通过接触和性交配成为感染其他禽类的传染源。

感染的雏鸡不一定全部发病,感染愈早发病率愈高。免疫耐受鸡又称保毒鸡,其发病死亡率比其他有抗体鸡群要高。禽白血病病毒在雏鸡中广泛感染传播,如宿主鸡对病毒存在遗传抵抗性,即使感染,发病也较少,感染鸡成为病毒携带者和传播者。可见感染了的鸡不一定发病,没有发病的鸡不等于没有感染。鸡群发病死亡常在鸡性成熟开产之后,剖检可见多种器官有肿瘤。能引起免疫抑制的疾病如马立克氏病、鸡传染性贫血等均能增加该病传播。

J亚群白血病病毒是20世纪80年代末期英国首次从肉鸡中发现和分离鉴定的白血病病毒的新亚群,可在肉用型鸡中引起骨髓样细胞瘤为主的白血病。该病在世界各地均有流行,主要发生于肉用型鸡。蛋鸡虽可感染,在一些遗传背景的蛋鸡人工感染后也会发生肿瘤,但自然发病率很低。我国在1999年首次从市场肉鸡及肉种鸡场肿瘤病鸡中分离检出,随后在多个省份确定了其流行。根据对各地鸡群血清中禽白血病病毒抗体的检测,证明其感染在我国非常普遍,尤其是我国的地方品系鸡,当前我国广东地区"三黄鸡"种鸡中该病的感染率为15%～50%。

72. 禽白血病的临床特征有哪些？如何诊断？

本病潜伏期长，传播缓慢，发病持续时间长，发病率为 3% ～ 5%。

淋巴白血病一般 10 周龄以上即性成熟，开产之后开始发病，病程长。病鸡鸡冠苍白，皱缩，精神委顿，食欲不振或废绝，体弱，进行性消瘦，水样腹泻。随着病情的发展，腹部常增大，有时可以触摸到高度肿大的肝脏和法氏囊。产蛋鸡产蛋率、种蛋孵化率、受精率下降，鸡群持续的低死亡率。

肿瘤在肝脏、脾脏、肾脏、法氏囊、心、性腺、肺、骨髓、卵巢、睾丸及肠系膜等出现，肿瘤形式多样，可呈结节状、粟粒状或弥漫状等，大量肿瘤灶的形成，可使脏器增大几倍到十几倍。肝、脾、法氏囊肿瘤常见，法氏囊内皱褶肿大、坚实，有凹凸不平的白色肿块，切开时中心坏死，内有豆渣样物，可与马立克氏病相区别。

禽白血病毒感染非常普遍，又因为感染并不经常导致肿瘤的发生，所以单纯的病原和抗体检测没有实际的诊断价值。实践中常根据血液检查和病理学特征结合病原和抗体的检测来确诊。病毒分离可采取血浆、血清或肿瘤组织，接种 1～7 日龄易感雏鸡，可在 3～35 日龄发生肿瘤；接种鸡胚的绒毛尿囊膜或卵黄囊内，可在绒毛尿囊膜产生痘斑；接种鸡胚成纤维细胞培养物，一般不引起细胞病变，需经长期继代培养，才可出现病灶。

血清学诊断常用的方法有补体结合试验、琼脂扩散试验、ELISA 双抗体夹心法和中和试验等。

73. 如何防控禽白血病？

本病无治疗价值，应着重抓好预防工作。本病主要为垂直传播，病毒亚型间交叉免疫力很低，先天感染的雏鸡免疫耐受，对疫苗不产生免疫应答,所以减少种鸡群的感染率和建立无白血病的种鸡群是控制该病的最有效措施。

种鸡在育成期和产蛋期各进行 2 次检测,淘汰阳性鸡。从蛋清和阴道拭子检测阴性的母鸡所产蛋中选择受精蛋进行孵化,在隔离条件下出雏、饲养,连续进行 4 代,建立无病鸡群。由于费时长、成本高、技术复杂,一般种鸡场还难以实行。鸡场的种蛋、雏鸡应来自无白血病种鸡群,同时加强鸡舍孵化、育雏等环节的消毒工作,特别是育雏期(最少 1 个月)封闭隔离饲养,并实行全进全出制,减少病毒的感染。生产各类疫苗的种蛋、鸡胚必须选自无特定病原(SPF)鸡场,以防疫苗污染造成的传播。

74. 鸡痘是怎样发生与流行的?

鸡痘(AP)是由鸡痘病毒(APV)引起的鸡的一种急性、接触性传染病。该病的主要特征是在鸡无毛或少毛的皮肤上出现疱疹。有的在口腔、咽喉部黏膜形成纤维素性坏死性假膜,死亡率可高达20%以上,若并发其他传染病可导致更高的死亡。各种品种及日龄的鸡均可感染,但以成鸡和育成鸡最易感。

病鸡脱离和碎散的痘痂是传播病毒的主要污染物。本病主要通过皮肤或黏膜的伤口感染,一般不能经健康皮肤和消化道感染。易感鸡经带毒的库蠓、伊蚊和按蚊叮咬后而感染,这是夏秋季易流行皮肤型鸡痘的主要原因。

鸡群过分拥挤、鸡舍阴暗潮湿、营养缺乏、并发或继发其他疾病时,均能加重病情和引起病鸡死亡。发生眼型鸡痘的鸡群易继发大肠杆菌、葡萄球菌、细菌性眼炎和腺胃炎。秋冬两季最易流行,秋季 8~11 月份多发生皮肤型鸡痘,冬季则以黏膜型鸡痘为主。

鸡痘病毒对干燥的抵抗力极强,在外界环境中能长期存活。在干燥的皮肤结痂中的病毒,阳光照射几个月而不被灭活。60℃

加热 1.5 小时可灭活病毒,用 1% 火碱或 1% 醋酸作用 5～10 分钟才可杀灭病毒,故应全年防治该病。

75. 鸡痘有哪些临床表现？如何诊断？

(1)临床症状 鸡痘潜伏期为 4～14 天,多表现皮肤型和白喉型,或者两种同时发生的混合型。

①皮肤型 又称干燥型,为最常见病型。病程渐进,起初在鸡体的无毛部位(如头部、鸡冠和肉髯)出现灰白色隆起的小结节,最终变成干燥的黑色痂皮,可联合覆盖大部分皮肤区域,甚至封闭眼睑。使产蛋鸡和种鸡发生产蛋量和体重的下降,种蛋受精率和孵化率下降,肉鸡增重缓慢。

②白喉型 又称黏膜型,特征是白喉损伤或在呼吸道和消化道前端形成假膜。通常在口腔和鼻腔、窦房结、气管和食管附近的黏膜区形成黄白色的隆起斑块,可能彻底封闭呼吸通道。临床表现包括呼吸困难和食欲下降。死亡率可高达 50%。

③混合型 皮肤和黏膜均被侵害,病情较为严重,病死率也较高。病鸡表现的一般症状常见增重受阻、精神委顿、食欲减退、衰弱,蛋鸡发病时表现暂时性产蛋下降。病程一般为 3～4 周,混合感染时则病程较长。

(2)诊断方法 根据临床症状和特征性病理变化可做出初步诊断,皮肤型和混合型的症状明显,不难诊断。对单纯的白喉型易与传染性鼻炎和传染性喉气管炎混淆,需经实验室诊断来进行确诊。

目前,实验室确诊可采用病料接种鸡胚或人工感染健康易感鸡,或进行血清学试验和病毒分离鉴定。免疫扩散试验可用于鸡痘病毒抗体的检测。被动血凝试验能比免疫扩散试验更早地检测到血清抗体。中和试验可在细胞培养物或鸡胚上进行,但该方法费时、耗力,不易操作,不适用于常规诊断。间接荧光抗体技术、酶联免疫吸附试验可用来检测抗体。近来也常用组织切片法和分子生物学方法(PCR)进行病原的诊断。

需要注意的是,幼龄仔鸡由泛酸、生物素缺乏、T-2毒素引起的病灶易与鸡痘病灶相混淆,造成误诊。为避免混淆,应结合实际发病情况,考虑有无暴发传染趋势或现象进行辅助诊断。

76. 近年我国鸡痘流行特点如何?

鸡痘在我国流行广泛,几乎各地区都有报道。近年来,该病的发生又有了一些新变化,应当对这些新变化或特点加以认识和评估,同时针对这些变化制定相应的防治对策,最大限度地减少因鸡痘发生而造成的损失。流行特点主要包括以下几个方面:

(1)发病日龄提前　近几年鸡痘发病日龄有提前的趋势,最早为3日龄发病,一般在15~30日龄发病。肉用仔鸡的低日龄发病,较其他鸡种的发生几率更高一些。通常在发病前鸡群状况良好,这可能与前期防疫效果不佳(疫苗质量、接种方法、接种次数)和饲养管理不善有关。

(2)发病季节变化　鸡痘虽在一年四季发生,但主要发生于夏、秋季;肉仔鸡在春末夏初就有发病,而且在寒冷冬季的育雏室内也有发生报道。皮肤型鸡痘多见于雏鸡,育成鸡和产蛋鸡;而黏膜型鸡痘多发生于育成鸡,又以秋、冬季发生较多。潮湿多雨时,发病率明显增高。

(3)肉仔鸡发病增多　过去肉仔鸡极少发生鸡痘,所以在肉鸡的免疫程序中,一般不列入鸡痘免疫。近几年,肉仔鸡发生鸡痘的鸡群增多,约占肉仔鸡饲养鸡群的10%。肉仔鸡发病包括皮肤型、眼型及白喉型。以皮肤型为主,发病引起的直接死亡率不高,但在眼及鼻腔,尤其是喉部和气管出现病变时,则死亡率增高。无论哪一种类型,感染一段时间后均易发生混合感染,造成肉仔鸡增重速度缓慢,耗料增加,死亡率较高,胴体品质严重降低,经济效益明显下降。

(4)严重阻碍生长发育或引起产蛋下降 近年来鸡痘发生以皮肤型为多,在鸡冠、肉髯、喙角、眼睑等处形成痘疹,有时仅在大腿或泄殖腔周围及翅内侧皮肤上见少量痘斑。痘斑初为灰白色小点,后迅速增大形成米粒及绿豆粒大的灰黄色结节,表面凹凸不平,逐渐形成干而硬的结节,内有黄色脂状糊块。也有极少数病鸡头部结节互相连接,融合形成大片黑色厚痂。有皮肤型鸡痘者,虽在发病鸡群中仅占 5%～20%,而且有的在皮肤上的痘斑数量很少,但往往整个鸡群表现采食减少,明显消瘦,生长受阻,发育不良等症状。此种情况主要发生于育雏期和育成期,其有害影响往往是终生性的,甚至全群失去饲养价值。上述临床表现如发生在产蛋鸡群,可引起不同程度的产蛋下降,一般下降 10%～20%。经 4周左右可逐渐恢复,但产蛋率较应有指标下降 2%～15%。

(5)发病及临床表现温和化 通常鸡痘在发病初很难发现,最初仅个别鸡出现流泪症状,常被误认为支原体病或结膜炎,经过4～5 天后,开始出现大面积鸡痘,并迅速波及全群,感染率高低与防疫情况相关,有的高达 40%。近年来,鸡痘以地区性散发为主,通常在一个地区或鸡场反复发生,发病鸡群占地区饲养量的 15%左右。另外,过去常发生于 4 周龄鸡以下的白喉型鸡痘减少,目前以皮肤型为主,占 90%以上,多数病鸡仅在全身皮肤无毛或少毛处出现少量的痘斑。

(6)白喉型鸡痘非典型变化 白喉型鸡痘不仅发生率减少,而且出现非典型变化。主要在喉头及气管中产生多量黄色干酪样或脓样物质,并在病灶黏膜上有灰白色丘疹,造成呼吸困难。喉部有典型的白喉型假膜情况较罕见,故易与传染性喉气管炎相混淆。部分鼻腔发生炎症,有浆性或脓性分泌物,频频甩头及擦拭喙部,眼睑上有少量的痘疹,流泪或带有小泡沫分泌物的非典型鸡痘时有发生。

(7)继发感染后果严重 鸡痘的感染、传播与蚊蝇等吸血昆虫有密切的关系,但更不应忽视皮肤和黏膜损伤的感染途径。大多数损伤是肉眼所不易观察到的,在无蚊季节发生的鸡痘更应考虑这种感染途径。在生产实践中,鸡痘并发或继发细菌性感染屡见不鲜,且以葡萄球菌,绿脓杆菌及大肠杆菌感染最为常见。

在不继发感染葡萄球菌病、腺胃炎等传染病的前提下,本病死亡率较低,只是影响采食和增重。一旦鸡群因饲养管理不善、环境条件恶劣等外界因素而继发葡萄球菌等病时,则死亡率急剧增加,甚至达到50%～60%。即便是选用药敏试验高度敏感的药物配合清热解毒的中药治疗,效果也不很理想,这可能与药物不能直接作用于皮肤溃烂部位有关,再加上鸡体采食量降低,抵抗力下降,况且病毒性疾病本身药物治疗效果甚微,因此多数造成重大损失。

(8)鸡痘病毒具有顽固性 鸡痘病毒可在干燥痘痂皮中存活数年,且有高度接触传染性,养鸡场的鸡群一旦发生鸡痘,则以后会连年发生。部分鸡场发生鸡痘后,如继续在原场地鸡舍中饲养,则以后每年每批都会发生鸡痘,这是鸡痘病毒抵抗力强的表现,要充分认识这一特点。因此需对污染鸡场彻底清扫,反复刮除污物、冲洗、消毒,然后用甲醛熏蒸1～2次,最后封闭空舍3周以上。施行严格、确实的全进全出制度,是防止鸡痘再发生感染的重要措施之一。

77. 如何防控鸡痘?

(1)消灭吸血昆虫 在鸡舍安装纱窗、门帘,并用杀虫剂如7%马拉硫磷溶液喷洒纱窗和门帘,防止蚊虫进入鸡舍。在立秋前,通过清除鸡舍周围杂草,清理鸡场周围的水沟等措施,减少或消灭吸血昆虫。

(2)做好免疫接种

①疫苗种类　目前主要使用弱毒疫苗。鸡痘鹌鹑化疫苗,毒力较强,适合于 20 日龄以上的鸡接种;鸡痘汕系弱毒苗,毒力弱适合于小日龄鸡免疫。

一定要选择由高品质无特定病原(SPF)鸡胚制备的疫苗,可确保疫苗无外源性污染,保证接种鸡群的健康。目前,蛋传递疾病对我国家禽养殖业危害较大,疫苗污染免疫抑制性疾病病原(如网状内皮增生症病毒、禽白血病病毒、传染性贫血病毒和呼肠孤病毒等)是造成免疫抑制病发生的重要原因。一旦应用污染疫苗(主要是鸡痘疫苗和马立克氏病疫苗)则会发生全群感染,污染种鸡群,进而影响商品鸡,造成了一系列疾病的发生。

②接种方法

a. 刺种法　最好采用加入稳定剂、黏附剂(如甘油)和蓝色染料的专用稀释液来稀释疫苗。其中黏附剂可在刺种时增加疫苗对刺种部位的黏附力,确保疫苗接种剂量和免疫效果,蓝色染料则有利于检查,确保不漏免。

稀释疫苗后,用消过毒的钢笔尖或带凹槽的特制针蘸取疫苗,在鸡翅内侧"三角区"翼膜刺种,在刺种后 4~6 天,抽查鸡在接种部位是否有痘肿、水疱及结痂,如 80% 以上鸡有反应,表示接种成功,如果接种部位不发生反应或反应率低,应考虑重新接种。

b. 毛囊接种法　适合 40 日龄以内鸡群免疫。即用消毒过的毛笔或小毛刷蘸取稀释好的疫苗,涂擦在颈背部或腿外侧拔去羽毛后的毛囊上。接种后 4~6 天,拔毛部位的皮肤红肿、增厚、结痂,表示接种成功。

③免疫程序

a. 蛋鸡和种鸡鸡痘疫苗接种程序　对于蛋鸡而言,在感染压力较低或在有大龄鸡鸡痘发病史的地区,一般 3~4 周龄翼膜刺种,进行 1 次免疫即可;而在感染压力较高或有吸血昆虫、青年鸡有发病史的地区,应当进行 2 次免疫接种,首免后,于 11 周龄再翼膜刺种加强免疫 1 次,以有效保护鸡群。通常情况下,青年母鸡应至少在开产前 4 周接种。

b. 肉仔鸡鸡痘接种程序　在鸡痘感染压力较大地区或吸昆血虫滋生严重的地区,肉仔鸡于 7～14 日龄翼膜刺种,免疫 1 次即可。

(3)发病鸡群的治疗　由于鸡痘病毒感染潜伏期长,且传播速度较慢,故可进行应(紧)急免疫。在鸡痘暴发期间,应从离发病鸡舍最远的鸡舍开始接种未感染鸡,相邻鸡舍也要接种。临床上遇到有变异的禽痘病毒引起鸡痘暴发的情况,此时用鸽痘疫苗加禽痘疫苗或许能提供更好的交叉保护。

可在饲料中添加抗生素,防止继发感染,尤其要防止葡萄球菌的感染。破溃的部位可用 1% 碘甘油(碘化钾 10 克,碘 5 克,甘油 20 毫升,摇匀,加蒸馏水至 100 毫升)或紫药水局部治疗。对眼型鸡痘早期可用庆大霉素眼药水点眼治疗。黏膜型鸡痘可用结晶紫 1‰浓度饮水。

78. 禽脑脊髓炎有哪些流行特点?有何临床表现?

禽脑脊髓炎(AE)俗名流行性震颤,是由禽脑脊髓炎病毒(AEV)引起的一种主要侵害雏鸡的病毒性传染病,以共济失调和头颈部震颤为主要特征。

(1)流行特点　本病传播方式有垂直和水平两种。垂直传播,由感染本病的母鸡通过种蛋传给雏鸡,通常自出壳后至 10 日龄以内发病者,多属于垂直传播所致;水平传播,由于本病的潜伏期至少需 10 天,因此 10 日龄以后出现的病鸡,多属水平传播。带毒种蛋、病禽及其排泄物和分泌物是主要传染源,可使饲料、饮水、环境和孵化器污染,主要经消化道感染,一般不经空气及吸血昆虫传播。本病主要发生于鸡,各种日龄均可感染,但一般只在雏鸡才有明显的临床症状。发病日龄以 1～25 日龄多见。小鸡发病率为 40%～60%,死亡率为 20%～50%。

禽脑脊髓炎病毒在环境中具有较强的抵抗力,至少可存活 4 周以上,因此具有长期感染性。易感鸡群一年四季均可发病,但多发生于冬春两季。

(2)临床表现　本病经胚胎感染,潜伏期为 1～7 天;经口感染,潜伏期至少 11 天,最长达 44 天。典型的病状最多见于 7～14 日龄雏鸡,偶见于 1 月龄小鸡。

①雏鸡　发病初期,患鸡精神沉郁,反应迟钝;随后部分病鸡陆续出现共济失调,不愿走动;或走动步态不稳,直至不能站立;跗关节着地,双翅张开垂地,勉强拍动翅膀辅助前行,甚至完全瘫痪;部分患雏头颈部震颤,尤其给予刺激时,震颤加剧。患鸡在发病过程中仍有食欲,但常因完全瘫痪而不能采食和饮水,以致衰竭死亡,病程为 5～7 天。

②成年鸡　1 月龄以上的鸡群受感染后,除出现阳性血清学反应之外,可能无任何明显的临床症状。少数鸡只发病,病鸡表现呆立软脚,甚至出现中枢神经紊乱;患鸡偏头伸长颈向前直线行走,或倒退,或突然无故将头向左右等方向扭转等。个别患鸡可能发生一侧或双侧性眼球晶状体浑浊,甚至失明。

③成年种鸡　无神经症状,主要表现一过性产蛋下降。产蛋率下降一般达到 10%～20%,约 14 天后恢复正常。种蛋孵化率下降,胚胎多数在 19 日龄前后死亡。母鸡还可能产小蛋,但蛋的形状、颜色、内容物无明显变化。

患鸡无明显的肉眼可见的病理变化。仔细观察可能发现患雏肌胃的肌肉切面有一些斑驳的浅灰白色区。眼球晶状体可能出现浑浊。做病理组织学检查时,具有诊断意义的病理变化是,脑干延髓和脊髓灰质中的神经元中央染色质溶解,脑中血管周围有"套管"现象,有大量的神经胶质细胞灶性增生,肌胃和胰脏中有大量淋巴细胞浸润。

79. 如何诊断、防控禽脑脊髓炎？

(1)诊断 禽脑脊髓炎的特征为：发生于3周龄之内，无明显肉眼变化，以共济失调、瘫痪、头颈震颤为主要症状，药物防治无效，种鸡出现一过性产蛋下降，可根据以上特点做出初步诊断。

禽脑脊髓炎需要与以下疾病鉴别：

①鸡新城疫 可使雏鸡出现较高的死亡率，也可能有瘫痪等神经症状，但新城疫常有呼吸困难、呼吸啰音，剖检时见喉头气管充血、出血。

②维生素B_1缺乏 虽然也表现为头颈扭曲、抬头望天的角弓反张症状，但在肌注维生素B_1之后大多能较快康复。

③维生素B_2缺乏 主要表现绒毛卷曲，脚趾向内侧屈曲，跗关节肿胀和跛行，在添加大剂量维生素B_2之后，轻症病例可以康复，鸡群中也不再出现新病例。

④维生素E与微量元素硒缺乏 有头颈扭曲、前冲、后退、转圈运动等神经症状，但发病日龄大多在3～6周龄，有时可发现胸腹部皮下有紫蓝色胶样液体，病理变化上常可见到特征性的小脑出血。另外，病鸡群口服或肌注维生素E和亚硒酸钠后，一般不再出现新的病例。

(2)防控措施 防止从疫区引进种苗、种蛋。在受威胁的地区可以采取疫苗接种方法，大多使用灭活苗，发生过本病的地区可用弱毒苗饮水或喷雾。1143株等疫苗毒株有一定毒力，适合8周龄以上、开产前4周接种，对产蛋鸡群免疫后，4周内种蛋不孵化（包括先开产的鸡所产的蛋）。灭活苗主要一般用于种鸡18～20周接种。由于本病主要危害3周龄内雏鸡，所以主要应对种鸡群进行免疫接种，较合适的免疫程序是：10～12周龄经饮水或滴眼接种1次弱毒疫苗，在开产前1个月接种1次油乳剂灭活苗，可使后代在

8 周内获得被动免疫。

目前认为禽脑脊髓炎弱毒疫苗适用于严重流行的国家和地区,而当前我国大部分地区常以疫点形式发病,使用灭活疫苗为宜,因接种后不带毒、不散毒,能使各种日龄鸡群免疫,特别是种母鸡免疫后能使种蛋、雏鸡获得母源抗体,使雏鸡易感时期具有抵抗力而不发病。

本病无特效的治疗方法,主要靠预防为主的综合性措施。当出壳后不久的雏鸡即发生本病时,孵化机应停孵 3 周,彻底消毒后才能使用,不要引进本病污染鸡场的雏鸡。

80. 鸡产蛋下降综合征有哪些流行特点?

鸡产蛋下降综合征(EDS_{76})是由禽腺病毒引起的一种无明显症状、仅表现产蛋鸡产蛋量明显下降的疾病。本病于 1976 年首先由荷兰学者发现。

引起本病传染的病原是腺病毒属中的产蛋下降综合征-76 病毒,经种蛋垂直传播,也可通过呼吸道传播。主要侵害商品蛋鸡和种鸡,病毒常在鸡性成熟前潜于其体内。无明显临床症状,也很难查到抗体。母鸡开产时病毒被激活,并在生殖系统内大量繁殖。鸡只感染 7~20 天后。病毒在输卵管狭部蛋壳分泌腺中大量复制,导致腺体的明显炎症和卵子及蛋壳形成功能紊乱,产生蛋壳异常。

产蛋前本病呈隐性感染;产蛋开始后,本病由隐性转为显性,产蛋鸡群突然发生群体性产蛋下降。开始表现蛋壳色泽消失,接着产薄壳、软壳或无壳蛋,但一般对蛋内品质影响不大。尽管垂直感染的鸡胚数量不多,但对扩大传染的危害性很大。受感染过的雏鸡大多在全群产蛋高峰的一半时才开始排毒,迅速传播(褐壳蛋品系鸡感染比白壳蛋品系更严重)。发病期可持续 4~10 周,在几周内产蛋会很快或大幅度下降,鸡群减蛋可达 30%~50%。

81. 鸡产蛋下降综合征有何症状与病变?

症状与病变主要集中在 26~43 周刚进入产蛋期的青年鸡,感染后不能于开产后 2~4 周内达到产蛋高峰。成年鸡感染时产蛋突然下降。一般能达到 20%~50%。经 4~10 周才能恢复。但仍达不到正常水平。产蛋曲线呈典型的"双峰形"。在减蛋的同时有蛋壳褪色及产较多的薄壳蛋、软壳蛋、畸壳蛋。异常蛋蛋黄周围的蛋清浓稠混浊;蛋清则透明如水,受精率正常,但孵化率明显降低,死胎率可高达 10%~12%。同时病鸡本身也出现异常,主要表现鸡冠萎缩变白,部分厌食,羽毛蓬乱、贫血,排绿色粪便。病鸡群每天死亡率为 0.5%左右。应激反应是本病发生的重要诱因。但应注意与传染性支气管炎、非典型性新城疫、禽流感等传染病或其他原因如饲养管理、饲料等所引起的产蛋下降相区别。

本病大体病变不明显,有时可见卵巢静止不发育和输卵管萎缩,在产无壳蛋和异常蛋的鸡可见输卵管子宫黏膜肥厚,且有白色渗出物和干酪样物,有时可见输卵管萎缩,黏膜有炎症,卵泡有变性和出血现象。

病理组织学主要表现为输卵管和子宫黏膜明显水肿,腺体萎缩,并有淋巴细胞、浆细胞和异嗜性白细胞浸润,在血管周围形成管套现象,上皮细胞变性坏死,在上皮细胞中可见嗜伊红的核内包涵体。

82. 如何诊断、防控鸡产蛋下降综合征?

(1)诊断 凡有产无壳蛋、软皮蛋、破蛋及褐壳蛋褪色等异常蛋的产蛋下降,即可怀疑本病,确诊需经实验室诊断。由于该病症状与维生素缺乏、微量元素缺乏及传染性支气管炎、新城疫症状相似,应注意鉴别诊断。

传染性支气管炎引起产蛋下降的同时有呼吸道症状,产畸形小蛋,而产蛋下降综合征产薄壳蛋、软壳蛋,无壳蛋,易于区别;非典型新城疫在产蛋减少的同时有消化道症状,如腹泻、全群采食减少,有个别死亡现象,剖检死鸡,消化道出血,无软壳蛋,无壳蛋较少;维生素、矿物质缺乏时,产蛋减少和蛋壳变劣为逐渐发生,改善饲料5~7天后即可恢复正常,而产蛋下降综合征则持续4~6周。表现产蛋下降的疾病还有禽脑脊髓炎、慢性呼吸道病及包涵体性肝炎等,但患病鸡所产的蛋基本正常。

(2)防控措施 加强饲养管理和消毒措施,防止病毒的传染和传播。从无病的鸡场引入小雏鸡和种鸡(或种蛋),引入后隔离观察一段时间才能投入使用。小型农户鸡、鸭、鹅分开饲养,防止互相传染。严格执行"全进全出"制度,严禁从场外带进不洁物,孵化场也应严格执行消毒卫生制度。

在有本病流行的地区,对未开产蛋鸡115~135日龄肌注或皮下注射 EDS-76 油乳剂灭活苗 0.5~1.0毫升,能有效地控制该病的发生和蔓延。

选用40周龄后产的蛋作种蛋。由于患本病的种鸡群可将病毒传给后代,但这种病毒传递在鸡群40周龄后就不再发生这一规律。因此,选用40周龄后的蛋作为种蛋,由此孵化出的鸡群作后备种鸡,加上采取严格的隔离措施,防止水平传播,就可获得没有产蛋下降综合征感的鸡群。

本病无特效药物治疗,对已发病的鸡群可紧急使用 EDS-76 灭活苗,可加快病鸡康复,恢复产蛋性能。同时对病群补充多种维生素 A、维生素 D、维生素 E、复合维生素 B 粉和抗菌制剂,可控制继发感染。

83. 病毒性关节炎有哪些流行特点?

病毒性关节炎是一种由禽呼肠孤病毒引起的鸡的重要传染病。病毒主要侵害关节滑膜、腱鞘和心肌,引起足部关节肿胀,腱鞘发炎,继而腓肠腱断裂。病鸡关节肿胀、发炎、行动不便,跛行,采食困难、生长停滞,鸡群的饲料利用率下降,淘汰率增加,还可导致免疫抑制,造成一定的经济损失。

我国最早在 1985 年报道,现普遍存在且多发,已在全国各地分离到多个毒株。调查显示鸡群感染很普遍,最高可达 98%,包括不同品种、不同地区、不同日龄和用途的鸡,包括祖代鸡场和父母代鸡场。目前本病受到高度重视,预防禽呼肠孤病毒感染已成为肉鸡饲养的重要问题。

带毒鸡和病鸡为传染源。该病既可水平传播也可垂直传播。水平传播为主,经消化道、呼吸道感染;垂直传播传播率低,为 1.7%。多发生于肉鸡,蛋鸡也可发生,年龄越大,易感性越低。自然发病多见于 4~7 周龄肉鸡。

潜伏期由几天到几周,随着感染日龄的增大而延长。鸡感染后免疫功能下降,对其他病原易感性增强(尤其是对传染性贫血、新城疫、大肠杆菌),导致死亡率增加,生长缓慢或停滞,饲料报酬降低、屠宰废弃率增高。该病在肉鸡群中传播迅速,笼养鸡群中传播较慢。一旦感染,很难清除。

禽呼肠孤病毒感染在全世界范围内广泛存在,主要流行于鸡、火鸡。该病毒为无囊膜、双股 RNA 呼肠孤病毒,对理化因子都有很强的抵抗力,可用 0.5% 氯胺和 0.5% 有机碘灭活。其可分为多种血清型/毒株,很多与 1133 株相关,各毒株毒力和交叉保护性不同。

84. 病毒性关节炎有何症状与病变?

肉鸡在 3 周龄以下都易感,3 周龄以上鸡经口感染后可能不发生肉眼可见病变,随日龄的增加鸡的抵抗力变强,病变也越轻。呼吸道症状可见于 1~7 日龄鸡;病毒性关节炎通常见于重型肉鸡,在轻型蛋鸡上也可发生,发病率高达 100%,死亡率低于 6%。运动障碍症状在 4~10 周龄或以上鸡只能见到跖伸肌腱、趾屈肌腱双向肿大(在踝关节上方,去羽后易见),脚垫长时间站立能使肌腱撕裂,鸡跛行,尤其在慢性病例。病鸡因得不到足够的水分和食料而日渐消瘦,贫血,发育迟滞,少数逐渐衰竭而死。

试验性感染后,大多数禽呼肠孤病毒都能引起鸡只腱鞘炎的显微病变,跖伸肌、趾屈肌腱肿胀,从跗关节上部触诊能明显地感觉到跖伸肌腱肿胀,拔去羽毛很容易见到,严重时肌腱出血、坏死或断裂,趾关节扭转弯曲,严重时出现瘫痪。跗关节腔内有黄色或带血色的渗出液,踝上滑膜常有出血点,慢性病例腱鞘硬化粘连,关节腔液体少,关节硬固变形,胫跗关节远端关节软骨上出现小的凹陷溃疡,溃疡增大后融合在一起,并侵害下面的骨组织,滑膜增厚。

85. 如何诊断、防控病毒性关节炎?

(1)诊断 鸡病毒性关节炎应注意与支原体感染,特别是滑囊炎支原体进行区别。由临床症状和病变可初步判断,确诊需实验室诊断,可从腱鞘、关节、心脏(异嗜细胞浸润)、呼吸道、肠道、法氏囊处采样分离病毒,接种 5~7 胚龄 SPF 鸡胚卵黄囊;确诊用已知阳性抗血清的沉淀素试验和荧光抗体检测腱鞘切片病毒等。

(2)防控 防止病原体早期感染,采用全进全出制,保持足够的空舍时间,进鸡前彻底消毒鸡舍,可用碱性消毒药、有机碘等消毒。加强饲养管理,减少免疫抑制因素例如应激、霉菌毒素及其他免疫抑制因子。做好免疫接种。种鸡的免疫既可防止经蛋垂直传播,也可提供母源抗体给子代,以保护雏鸡出生后至 7～14 日龄免受病毒侵害,是防治本病最有效的方法。国外已有多种灭活苗和弱毒苗可供选用,对于种鸡,活苗免疫可以作为以后灭活苗免疫的基础免疫,在灭活苗免疫前 4～6 周接种活苗。不要在开产前免疫活疫苗,疫苗活毒可以垂直传播长达 6 周,可导致子代出现临床症状。在开产前 4 周肌内或皮下注射灭活苗,可改进抗体均一性,促进产生高的抗体水平以及延长抗体反应时间。

禽呼肠孤病毒存在多个血清型,尚无可供广泛使用的疫苗毒株,免疫接种的时间也不尽相同。大多数灭活苗不只含有一个毒株,这样可比活苗能提供更广谱的保护。选择疫苗注意血清型,疫苗毒株灭活疫苗中如有 1733 和 2408 毒株,可很好地保护嗜肠道型的毒株的攻击。

雏鸡的免疫最好尽早进行,但有的病毒性关节炎疫苗如 S1133 株,对马立克氏病的疫苗有干扰作用,不宜与马立克氏病疫苗同时使用,应间隔 5 天以上,避免干扰,可于 8～12 日龄首免,8～14 周龄再免。一般无干扰的疫苗,可于 1 日龄商品肉雏鸡皮下(或饮水)接种,可使其产生对同型病毒株的抵抗力。肉种鸡一般于 1～7 日龄、4 周龄各接种 1 次弱毒苗,母鸡在开产前接种 1 次灭活苗,可通过母源抗体给后代提供保护。

对已发病的鸡没有好的治疗方法,可将病鸡剔出,集中隔离饲养,症状严重的应淘汰,并实行全进全出制。

86. 鸡传染性贫血有哪些流行特点?

鸡传染性贫血(CIA)是由鸡传染性贫血病毒(CIAV)引起的以雏鸡再生障碍性贫血、全身淋巴组织萎缩、皮下和肌肉出血及高死亡率为特征的传染病。

感染鸡及其排泄物,被污染的器具、饲料、饮水等都可作为本病的传染源,该病既可水平传播,又可垂直传播。一般认为传染性贫血病毒水平传播的主要感染途径是消化道,其次是呼吸道。垂直传播具有重要的临床意义,种鸡感染传染性贫血病毒后,可经卵巢垂直传播,引起新生雏鸡发生典型的贫血病。

鸡是传染性贫血病毒的唯一自然宿主,不同品种和各种龄期的鸡均可感染,1~4周龄以内的雏鸡更易感,白来航鸡较其他品种的雏鸡更加易感;雄雏可能比雌雏易感性更高。在无其他病原的情况下,随鸡日龄的增长,其易感性、发病率和死亡率逐渐降低。成鸡感染后不表现临床症状,但产蛋期的种用母鸡虽不表现临床症状,其产蛋量、受精率和孵化率均明显下降,孵出的幼雏中有一部分发生血细胞减少症,表现为贫血,并有较明显的发病症状。

鸡传染性贫血病毒与其他病原如马立克氏病病毒、传染性法氏囊病病毒、网状内皮增生病病毒等混合感染时其致病性增强,并突破龄期及母源抗体的保护,引起疾病的暴发和造成重大的经济损失。在有些情况下,被鸡传染性贫血病毒污染的疫苗也能造成本病的传播。

87. 鸡传染性贫血有何症状与病变?

病鸡表现厌食,精神沉郁,衰弱,消瘦,体重减轻,喙、肉髯和可视黏膜苍白,皮下和肌肉出血,翅尖出血也极为常见。血液稀薄,血凝时间延长,红、白细胞数量显著减少,可分别下降到 10^9 个/L 和 $5×10^6$ 个/L 以下。发病后 5~14 天贫血是本病的特征性症状。由于鸡传染性贫血病毒可造成免疫抑制,故感染鸡常继发产气荚膜梭菌和金黄色葡萄球菌感染,引起肌肉和皮下组织的坏疽性皮炎;也可使鸡群对大肠杆菌、包涵体肝炎腺病毒、传染性法氏囊病病毒、马立克氏病病毒和呼肠孤病毒等病原的易感性增高。有些鸡群在第一个死亡高峰 2 周后出现第二个死亡高峰,究其原因,除水平传播外,往往是由继发感染所致。

病理变化主要有消瘦、贫血,肌肉和内脏器官苍白、贫血;肝脏、肾脏肿大,褪色或呈淡黄色,肝脏有时有坏死斑点。骨髓萎缩是本病可见到的最有特征性病变,股骨的骨髓呈脂肪色、淡黄色或粉红色,组织学检查,骨髓造血细胞严重减少,为脂肪样组织所代替。胸腺萎缩是常见的病变,胸腺变小,甚至完全退化。法氏囊的萎缩不很明显,部分鸡法氏囊的体积可能减小。皮下、肌肉出血,腺胃黏膜出血,皮下出血,多见于翅部,引起皮炎。

88. 如何诊断和防控鸡传染性贫血?

(1)诊断 本病根据流行病学特点、症状和病理变化可做出初步诊断,血常规检查有助诊断,但最终的确诊需要做病原学和血清学等方面的工作。

①实验室诊断

a. 病毒分离 病毒的分离培养是传染性贫血病毒鉴定最常用的方法。肝脏含有高滴度的病毒,是分离病毒的最好材料,可将其制成匀浆,离心取上清液,加热70℃5分钟或用氯仿处理去除或灭活可能的污染物,用于雏鸡、鸡胚或细胞培养接种。

b. 血清学诊断 目前已建立的鸡传染性贫血血清学诊断技术有血清中和试验(VN)、免疫荧光试验(IFN)、酶联免疫吸附试验(ELISA),可用于检测感染鸡血清中的抗体。其中,ELISA是检测鸡传染性贫血抗体的一种良好的血清学方法,其敏感性高,操作简便、快速,所需血样少,可以同时检测大量样品,利于大规模普查。近年来以重组VP1、VP2、VP3为包被抗原建立的ELISA技术取得了重大进展,可用以检测传染性贫血病毒抗体。与传统的全病毒抗原相比,重组抗原更具优势。可用免疫荧光抗体试验和免疫过氧化物酶试验检测发病鸡组织或细胞培养物中的病毒。

②鉴别诊断 该病应与成红细胞引起的贫血、马立克氏病和

鸡传染性法氏囊病、腺病毒感染、球虫病以及高剂量的磺胺类药物和真菌毒素中毒进行区别。

马立克氏病和鸡传染性法氏囊病:引起淋巴组织萎缩,但不贫血,急性传染性法氏囊病引起的再生障碍性贫血消失得早。

包涵体肝炎:发生于5～10周龄,单独感染不会引起再生障碍性贫血,肝脏有出血斑。

球虫病:排血便、肠道出血、坏死,肠壁增厚。

磺胺类药物中毒:肌肉、肠道点状出血,鸡场用过此类药物。

(2)防控　控制种鸡感染是防控本病的关键,加强对种鸡的抗体检测,及时淘汰感染的种鸡,在引进种鸡时,也要进行抗体检测,这对清洁鸡场和SPF鸡场有意义。

鸡场免疫时应选择SPF鸡胚制备的疫苗,鸡胚被鸡传染性贫血病毒污染后,不仅影响疫苗的效果,而且导致鸡传染性贫血的传播。鸡传染性贫血的净化应首先从SPF鸡场做起。

加强日常的饲养管理,鸡群及时接种传染性法氏囊病疫苗和马立克氏病疫苗,防止免疫抑制性疾病混合感染,导致的疾病危害加大。

做好免疫接种。目前有两类商品疫苗可供使用,一类是由鸡胚生产的有毒力的活疫苗,通过饮水免疫对13～15周龄种鸡进行接种,可有效地防止其子代发病;另一类是减毒的细胞活疫苗,可通过肌内、皮下注射等方法对鸡进行免疫,由于该疫苗价格较高,一般只对种鸡进行免疫,以控制垂直传播。

目前,本病尚没有药物治疗方法,对细菌继发感染可用抗生素控制。

第四章 细菌性疾病的防控

89. 鸡大肠杆菌病的流行原因及特点有哪些?

鸡大肠杆菌病是由致病性大肠杆菌引起的一系列疾病的总称,包括急性败血症、脐炎、气囊炎、肝周炎、关节炎、肉芽肿、输卵管炎及卵黄性腹膜炎等,分别发生于鸡的胚胎期至产蛋期。

近年来,鸡大肠杆菌病在很多鸡场发病率居高不下,引起鸡只的死亡、鸡只生长发育受阻、治疗费用增加、种鸡及蛋鸡的产蛋率下降等,给养鸡生产造成了严重的经济损失。据新疆某单位的临床统计,该地区肉仔鸡大肠杆菌病的发病率占整个肉仔鸡发病率的 50% 以上。由此可见,大肠杆菌病是影响肉仔鸡养殖效益的重要疾病。

(1)流行原因

①环境污染 这是目前造成很多鸡场发病的原因。大肠杆菌是人和动物肠道等处的常在菌,其在饮水中出现被认为是粪便污染的指标。大肠杆菌在鸡场普遍存在,特别是通风不良、大量积粪的鸡舍,在垫料、空气、尘埃、污染用具等环境中细菌浓度很高。

目前我国一些鸡场尤其是肉仔鸡场,投资不多,饲养条件比较差,环境污染较为严重,出现了越来越难养的问题。据报道,吉林省的延边地区某肉仔鸡饲养场,由于自家井水大肠杆菌污染严重,因大肠杆菌病死亡 3000 多只 30 多日龄的肉仔鸡(死亡率高达20% 以上),造成 5 万多元的经济损失,后通过治理水源,对鸡群饮水进行净化 消毒才使疾病得以控制。

由于禽类在解剖学上不同于哺乳类动物,它的特点是胸腔和腹腔贯通、无膈相隔,又拥有庞大的呼吸系统(气管、支气管、肺和9个遍布于从锁骨、胸腔直至腹腔的气囊),加之大肠杆菌对禽类的致病机制不同于哺乳类动物,所以禽类的大肠杆菌病主要以呼吸道感染为主(而哺乳动物的感染则以消化道为主)。临床上表现为心包炎、肝周炎、气囊炎和腹膜炎的大肠杆菌病都主要是通过呼吸道感染,如果鸡舍条件比较差,冬季为了保温造成舍内通风不良,空气污染严重,大肠杆菌大量通过呼吸道进入体内,造成气囊炎、肝周炎的发生。

另外,肉仔鸡大肠杆菌病发病率的高低与育雏前期湿度高低关系极为密切,尤其是 10 日龄前的环境湿度情况直接影响大肠杆菌病的发病率。如前所述,大肠杆菌病主要是通过呼吸道传播,空气中的尘埃是大肠杆菌的载体,湿度低时环境中漂浮的尘埃就特别多,呼吸道黏膜的完整性也容易遭到破坏,因此加大了大肠杆菌的感染机会。因此,加大育雏前期的湿度可大大减少大肠杆菌病发病率。空气相对湿度应以 75% 左右为宜。

②免疫抑制   由某些疾病和药物引起的免疫抑制可降低鸡的抵抗力,造成鸡体对疾病的易感性增加,使大肠杆菌发病率明显增加。

免疫抑制性疾病的发生会明显提高大肠杆菌发病率,例如新城疫和传染性法氏囊病免疫不到位使鸡群感染发病,常造成大肠杆菌病继发或并发。

肉仔鸡饲料里长期添加抗球虫药,如莫能霉素、盐霉素等。这些药物对机体的免疫功能有一定的抑制作用,长期摄入会造成机体的免疫功能低下,使大肠杆菌病的发病率增加。

③应激   分群、转群、过冷、过热、贼风、饲养密度过大、空气干燥、断料、停水等造成的应激,常继发大肠杆菌病。

在采用滴鼻、点眼、气雾免疫时,尤其是接种新城疫疫苗,会导致气管微绒毛摆动的减弱,清除异物的能力减弱,进而增加了大肠杆菌的感染机会。另外在接种疫苗时,会引起鸡只短暂的抵抗力下降,也为大肠杆菌的感染提供了机会。

④其他原因 肉仔鸡的大肠杆菌病与支原体病是一对"孪生兄弟"。支原体的感染使气管的微绒毛萎缩、断裂,减弱或失去了清除异物的功能,增加了大肠杆菌由呼吸道感染的机会。因此,在控制大肠杆菌病的同时应首先搞好支原体病的控制。

(2)发病特点 各日龄的鸡都能发生,但以4月龄以下易感性最高,3~6周龄多发。本病可以单独感染,但更多的是继发感染,常与沙门氏菌病、巴氏杆菌病、禽霍乱、腹水综合征、传染性支气管炎、传染性法氏囊病、新城疫等并发或继发感染。

本病的传染途径有三种:一是种蛋内带菌,垂直传递给下一代雏鸡;二是种蛋本来不带菌,但蛋壳上所沾的粪便等污物带菌,在种蛋保存期和孵化期侵入蛋的内部;三是接触传染,大肠杆菌从消化道、呼吸道、肛门及皮肤创伤等门户都能侵入,饲料、饮水、垫草、空气等是主要传播媒介。

本病的发生无季节性,但以秋后到第二年春天、天气寒冷、气温变化剧烈最容易发生。

90. 鸡大肠杆菌病有哪些类型?

由于鸡龄和感染途径不同,大肠杆菌有多种临床类型:

(1)鸡胚和雏鸡早期死亡 该病型主要通过垂直传染,鸡胚卵黄囊是主要感染灶。鸡胚死亡发生在孵化过程中,特别是孵化后期,病变卵黄呈干酪样或黄棕色水样物质,卵黄膜增厚。感染鸡可能不死,出壳后常表现卵黄炎和脐炎,病雏脐孔红肿,并常破溃,后腹部膨大,卵黄吸收不良,生长发育受阻。

(2)大肠杆菌性急性败血症 常引起幼雏或成鸡急性死亡。特征性病变是肝脏肿大呈绿色,肠浆膜、心外膜有明显小出血点,心包腔积液,肠壁黏膜有大量黏液。

(3)气囊病 主要发生于3～12周龄幼雏,特别是3～8周龄肉仔鸡最为多见。经常伴有心包炎、肝周炎,偶尔可见败血症。病鸡表现沉郁,呼吸困难,有啰音和打喷嚏等症状。剖检可见气囊壁增厚、混浊,有的有黄白色纤维样渗出物,心包囊内充满淡黄色纤维素性渗出物,心包粘连。肝脏肿大时有白色坏死灶,表面有黄白色混浊的纤维素样渗出物或假膜。

(4)卵黄性腹膜炎及输卵管炎 主要发生于产蛋鸡,常通过交配或人工授精时感染。病鸡减产或停产,后腹部膨大下垂,呈直立企鹅姿势,有的较快死亡,有的拖延很久,瘦弱死亡。剖检可见有的输卵管扩张,内有干酪样团块及恶臭的渗出物。有时卵破裂溢于腹腔,腹腔内布满蛋黄凝固的碎块,使肠系膜、各肠段互相粘连。

(5)肠炎 病鸡主要表现腹泻,并带有血液。主要病理变化是肠黏膜脱落、出血和溃疡。

(6)大肠杆菌性肉芽肿 病鸡消瘦贫血,减食,腹泻。在肝、肠(十二指肠及盲肠)、肠系膜或心上有菜花状增生物,针头大至核桃大不等,很易与禽结核或肿瘤相混。

(7)关节炎及滑膜炎 表现关节肿大,内含有纤维素或混浊的关节液。

(8)眼球炎 是大肠杆菌败血症一种不常见的表现形式。多为一侧性,少数为双侧性。病初羞明、流泪、红眼,随后眼睑肿胀突起。开眼时,可见前房有黏液性脓性或干酪样分泌物。最后角膜穿孔,失明。病鸡减食或废食,经7～10天衰竭死亡。

(9)脑炎 表现昏睡,斜颈,歪头转圈,共济失调,抽搐,伸脖,张口呼吸,采食减少,腹泻,生长受阻,产蛋显著下降。主要病变脑膜充血、出血、脑脊髓液增加。

(10)肿头综合征 表现眼周围、头部、颌下、肉垂及颈部上2/3水肿,病鸡打喷嚏,并发出咯咯声。剖检可见头部、眼部、下颌及颈部皮下黄色胶冻样渗出。

91. 如何诊断鸡大肠杆菌病?

鸡大肠杆菌病病型复杂,各年龄阶段都可感染发病,流行状况、临床表现、病理变化均有差异,还可能有不同程度的混合感染,这些问题给大肠杆菌病的诊断带来了不少麻烦。鸡大肠杆菌病的特征性病变是气囊炎、心包炎、肝周炎病变。进一步确诊应做病原的分离和鉴定。将从病鸡体内分离的细菌接种于麦康凯琼脂培养基上,经18~24小时培养后可长出圆形、光滑隆起而湿润的红色菌落,可做出基本诊断。进一步确诊时可用抗O血清或抗OK血清鉴定其血清型。临床上应注意与下列疾病鉴别诊断。

(1)禽链球菌病

①类似处(与败血型大肠杆菌病) 有传染性。病鸡羽毛松乱,减食或绝食,腹泻,粪呈黄白色。剖检可见心包、腹腔有纤维素,肝肿大,肝周炎。

②不同处 病原为禽链球菌。病鸡突发委顿,昏睡,冠髯发紫或苍白,产蛋下降35%,足底皮肤坏死,濒死前角弓反张、痉挛。剖检可见皮下浆膜、肌肉水肿,肝肿大淤血呈暗紫色,有出血点和坏死点,但无纤维素包围。

(2)禽衣原体病

①类似处(与败血型大肠杆菌病) 有传染性。病鸡减食,羽毛松乱,精神不振,腹泻。剖检可见心包膜增厚,纤维素心包炎,肝周有纤维素,卵黄性腹膜炎。

②不同处 病原为禽衣原体。冠髯苍白,髯、眼睑、下颌水肿,眼、鼻有浆性或黏性分泌物,严重消瘦,胸骨隆起。剖检可见鼻腔有多量黏液,黏膜水肿、有出血点;眶下窦有干酪样物;气囊壁厚,表面有纤维素渗出物(如海蜇皮)。用肝、脾、心包、心肌病料压片,姬姆萨染色镜检,衣原体呈紫色。

92. 防控鸡大肠杆菌病的措施有哪些?

(1)预防措施

①优化环境　特别是空气的净化,肉仔鸡的大肠杆菌病是以呼吸道感染为主,因此良好的通风是预防本病的关键,特别是在冬季当保温与通风相互矛盾时,更要注意采取科学合理的方式保证通风。

防止水源的污染,注意饮水的卫生与消毒。饮水中应加酸化剂或消毒剂,如优酸宝或含氯、碘等消毒剂;采用乳头式饮水器饮水,水槽、料槽每天应清洗消毒。可使用颗粒饲料,以减少饲料污染。

搞好种蛋、孵化厅及禽舍内外环境的清洁卫生。有条件的采用网上饲养,有利于减少此病的发生。本菌对热抵抗力弱,60℃30分钟即可杀死,对酸性消毒药的抵抗力也比较弱,可利用热和酸性消毒药进行消毒。

②疫苗免疫　致病性大肠杆菌、条件性致病性大肠杆菌的血清型很多,主要有 O_1、O_2、O_{78}、O_{36}、O_{103} 等,各地流行的血清型也有所不同。因此,采用针对本地流行的大肠杆菌血清型或自家苗免疫,方可取得良好效果。

一般免疫程序为 7～15 日龄,25～35 日龄,120～140 日龄各 1 次。

③预防性投药　应选择敏感药物在发病日龄前 1～2 天进行预防性投药。值得注意的是,生产实践中抗菌药的不合理应用,加之大肠杆菌本身易产生耐药性的特点,使得大肠杆菌对大多数抗菌药出现很强的耐药性,使临床上用药变得十分困难。陈鲜花等的调查结果证实,在广东地区大肠杆菌对所有的喹诺酮类药物都有耐药性。

另外,给药途径限制了部分药物的应用和影响药效的发挥,大肠杆菌病主要是通过呼吸道感染，这就要求在临床用药上选择肠道吸收率高、血药浓度和组织液中药物浓度高的药物，如氟苯尼考制剂和喹诺酮类（如恩诺沙星、二氟沙星等），而氨基苷类抗生素如新霉素、硫酸安普霉素虽然对大肠杆菌有很好的抑制和杀灭作用，且体外抑菌试验敏感，但由于肠道吸收率极低，对大肠杆菌病疗效常难以令人满意。

常用药物有氟苯尼考、恩诺沙星、盐酸沙拉沙星、复方磺胺氯哒嗪钠等。最好应用药敏试验选择药物。注意交替用药，避免产生耐药性。

④提高鸡体自身抵抗力　控制好支原体、传染性鼻炎等呼吸道疾病，避免免疫抑制性疾病的发生，如传染性法氏囊病、马立克氏病等。加强饲养管理，保持稳定的温、湿度，控制鸡群的饲养密度，减少应激造成的抵抗力下降。

(2)发病后处理措施　一旦发病，应进行药敏试验，选取敏感药物及时治疗，治愈后应加倍饲喂微生态制剂，帮助鸡只迅速恢复肠道菌群平衡。

另外，如果鸡场大肠杆菌病的发病率持续较高，应寻找本场大肠杆菌病的流行原因（例如是否存在空气污染、通风不良或者水源污染的问题，或有免疫抑制性疾病），有针对性地采取措施，才能更好地控制大肠杆菌病的发生。

93. 鸡沙门氏菌病流行的原因有哪些？

鸡沙门氏菌病是指由沙门氏菌属的细菌引起鸡的一类急性或慢性疾病，这类疾病可分为三类：鸡白痢、禽伤寒和禽副伤寒。

沙门氏菌可分为宿主特异性和宿主非特异性。前者多数情况下仅感染家禽和某些鸟类。鸡伤寒沙门氏菌和鸡白痢沙门氏菌属于此类，鸡白痢沙门氏菌在雏鸡引起鸡白痢，鸡伤寒沙门氏菌引起鸡伤寒。宿主非特异性感染则由禽副伤寒沙门氏菌引起的，这类沙门氏菌可感染多种动物,主要有鼠伤寒沙门氏菌、肠炎沙门氏菌、海登堡沙门氏菌和海德沙门氏菌等,感染鸡引起禽副伤寒。

造成鸡场沙门氏菌流行的原因有以下几点:

一是种鸡的垂直传播。种鸡(包括公、母鸡)患慢性白痢或隐性带菌的,其所产种蛋平均有 30%左右带菌。这些种蛋入孵后,有的在孵化后期胚胎死亡,有的孵出衰弱垂死的雏鸡,也有不少能孵化出看上去正常的雏鸡,这些雏鸡多数在 7 日龄之内发生白痢,少数可能延迟到十几日龄发病;而且先天感染的小鸡发病后常传染健康鸡,从而造成雏鸡的大量死亡,而且给将来的生长发育及产蛋性能造成不良影响。

二是卫生消毒制度不够完善。禽沙门氏菌病虽然可经由种蛋垂直传播,但孵化和饲养过程中的水平传播也起着十分重要的作用。

带菌种蛋孵化到出雏时,破开的蛋壳、雏鸡脐孔污物及胎粪等都含有大量的鸡白痢沙门氏菌,沾有病菌的胎绒在出雏器内飞扬飘浮,被健康雏鸡吸入呼吸道,可引起肺型鸡白痢,多在 5～6 日龄发生。此外,鸡白痢沙门氏菌虽然无鞭毛,不能运动,但其个体比蛋壳上的气孔小,如存在于蛋壳表面,在照蛋、落盘时,蛋温降低,蛋内形成负压,也能将其吸入蛋内,引起胚胎感染。

病鸡和带菌鸡的排泄物含有大量病菌,污染了饲料、饮水、垫草等,也可经消化道传染给其他鸡,潜伏期一般 4～5 天。

沙门氏菌对环境的抵抗力都较强,夏季在土壤中可生存 20～35 天,冬季可生存 128～184 天,在鸡粪悬浮液可生存 3 个月以上。初生雏鸡易感性最高,鸡场环境污染尤其是育雏舍的环境污染,也是造成鸡发病的重要原因。

三是饲料原料的污染。这是鸡沙门氏菌病的另一个重要源头。动物性蛋白原料,特别是劣质鱼粉、羽毛粉和肉骨粉,常含有较多沙门氏菌,造成了鸡的消化道感染。

94. 鸡白痢有哪些临床特征?

鸡白痢是由鸡白痢沙门氏菌引起的鸡和火鸡等禽类的传染病。主要侵害雏鸡,常呈急性败血性经过,以白痢为主要症状。在成年鸡多呈慢性经过或无症状感染。

各品种的鸡都对鸡白痢沙门氏菌易感,白来航鸡比其他品种抵抗力强。初生雏鸡易感性最高,2～3周龄内雏鸡发病,呈败血经过,发病率和死亡率都很高。随着日龄的增加,鸡的抵抗力增强,发病渐少。饲养管理不良、鸡的体质较弱时,3周龄之后也能出现一些新的病雏。成年鸡呈慢性或隐性经过或为带菌者,成为危险的传染源。

(1)雏鸡白痢　经卵感染的雏鸡多于7日龄内死亡,在孵化器或育雏开始时感染的雏鸡多于2～3周龄死亡。少数在胚胎期严重感染的雏鸡,出壳后两三天内未见明显症状即死亡。30日龄后发病量迅速减少。

病雏鸡精神委靡,离开群体独自闭眼打盹,缩颈低头,两翅下垂,身躯变短,后躯下坠,怕冷,靠近热源或挤堆,时而尖叫;多数病雏张口呼吸,呼吸困难、急促,其后腹部快速地一收一缩即是呼吸困难的表现;一部分病雏排白色糊状稀粪,污染肛门周围的绒毛,干后结成石灰样硬块,有时堵塞肛门。

2周龄以后发病的,随着发病日龄向后推移,症状逐渐有所变化。变化趋势是:全身症状减轻,呼吸困难的减少,排白色糊状稀粪的增多,病程延长,死亡率下降。从病型来说,是由败血型逐渐转向肠型。慢性病雏发育迟滞。

有时引起雏鸡的关节炎,表现关节肿胀、跛行、采食饮水困难等症状;有时引起雏鸡全眼球炎,可导致失明。

出壳不久未见明显症状即死亡的雏鸡,常无明显病理变化,有时可见黄色肝脏上有砖红色出血条纹。日龄稍大的病死鸡,肝脏肿大,有的紫红色,有的土黄色,肝表面有点状或条纹出血;肠炎,十二指肠出血,肾脏肿大,输尿管可因尿酸盐填充而变粗。肺脏出血,有些雏鸡患有脐炎,卵黄囊和内容物吸收受阻,残留卵黄囊大,呈绿色油脂或干酪样。病程较长的雏鸡,在肝、脾、肺、心肌、肌胃、盲肠、结肠等处出现黄白色坏死灶或结节。

(2)青年鸡白痢 大多发生于50~90日龄。发病原因主要有以下三方面:一是饲养管理不良,如鸡舍密度过大、饲料霉变、饮水器长期不洗刷有细菌滋生等;二是气候因素,如春寒、酷暑、秋季骤凉及阴雨连绵等;三是育雏期白痢病严重且治疗不彻底,遗留的部分弱鸡在青年期易于发病。

青年鸡白痢通常是部分鸡发病,病鸡精神食欲不振,排黄绿色稀粪或水样稀粪,肛门周围羽毛被粪便污染,鸡冠不鲜艳、苍白,发育不良。病程较长,不断地有个别鸡死亡,经治疗虽然情况有所好转,但停药后易于复发,比较顽固,必须切实改善饲养管理,才能较好地控制病情。

病变主要在肝脏,其次是心、肺和肠管。肝脏明显肿大,淤血呈暗红色,或略呈土黄色,质脆易破,表面散在或密布灰白、灰黄色坏死点,有的肝被膜破裂,破裂处有血液凝块,腹腔内也有血块或血水。心脏表面有绿豆大黄白色稍隆起的结节,严重时多个结节相连,占心脏表面大半,这种情况易被误诊为马立克氏病;肺脏"肉变",即严重淤血,失去弹性,呈"瘦肉样"。肠道内容物呈稀糊状,肠壁较薄,局部黏膜炎性充血。

(3)成年鸡白痢 一般为慢性型,多为雏鸡感染的继续,引起卵巢炎、输卵管炎等生殖器官炎症,造成产蛋率、种蛋受精率下降。

临床上有一种比较少见的情况,是成年鸡过去从未感染过鸡白痢沙门氏菌而骤然严重感染,或者本来隐性感染,因为饲养条件变差,也能引起急性败血型白痢病。病鸡发热,精神沉郁,减食或废食,低头缩颈,羽毛松乱无光泽,腹泻,迅速消瘦,产蛋明显减少

或停止,少数病鸡因肝脏破裂,造成内出血,可能迅速死亡。少数
母鸡由于一些卵泡被白痢病菌侵害而破裂,卵黄落进入腹腔,引起
卵黄性腹膜炎,呈"垂腹"现象(亦称企鹅姿势),也能导致死亡。

　　主要病变在生殖器官。最常见卵子的形、色、质地的改变(有
时是唯一的变化),母鸡卵巢中一部分正在发育的卵泡变形、变色、
变质,有的皱缩松软成囊状,内容物呈油脂或豆渣样;有的变成紫
黑色葡萄干样;常有个别卵泡破裂或脱落,引起腹膜炎。公鸡一侧
或两侧睾丸萎缩。其他较常见的病变有:心包膜增厚,心包腔积
液,肝肿大质脆,偶可破裂等。

95. 如何诊断鸡白痢?

　　根据流行病学、症状与病变可初步诊断。要确诊必须分离病
原菌和进行微生物学鉴定。

　　(1)细菌的分离和鉴定　采集急性死亡雏鸡的肝脏、胆囊、脾
脏、心血,成年鸡采取有病变的卵泡或肿大的睾丸为病料。一部分
病料直接在胰胨肉汤琼脂、SS 琼脂或麦康凯琼脂平板上划线分
离;另一部分接种于亮绿四硫黄酸盐或亚硒酸盐增菌液中,经
37℃24～48 小时,分别取培养物在琼脂平板上划线培养,24 小时
后取出观察。鸡白痢沙门氏菌的菌落细小贫瘠;不发酵乳糖,菌落
不变色,少数菌株产生硫化氢者,形成黑色中心。凡生化反应符合
者,再以沙门氏菌诊断血清做玻片凝集试验即可做出鉴定。

　　(2)血清学诊断　常用于自鸡群中检出病鸡,因所用的抗原为
鸡白痢沙门氏菌与鸡伤寒沙门氏菌所制备,故检出的病鸡也包括
这两种病。

　　全血玻片凝集反应:取 2 滴结晶紫染色的抗原与 1 滴鸡血在
玻片上相混合,轻轻摇动玻片,2 分钟内观察结果,如抗原在 1 分
钟内形成块状凝集,则为阳性,不形成凝集,则为阴性。此法的优
点是可以在现场进行。缺点一是只能用于检查性成熟的病鸡,未

达性成熟年龄的病鸡检出率很低,特别是4周龄以下病鸡,确实发生感染的病鸡也常不出现阳性反应;二是易出现假阳性或假阴性反应,操作时应注意此点,一定要有阴性、阳性对照。

96. 鸡伤寒沙门氏菌病有何临床特征?

鸡伤寒是由鸡伤寒沙门氏菌(又称鸡沙门氏菌)引起的鸡、鸭及火鸡的一种急性或慢性败血性传染病。本病多发生于中成年鸡。以肝、脾等实质器官的病变和腹泻为特征。

各日龄的鸡都能发病,但主要发生于成年鸡和3周龄以上的青年鸡。在3周龄以下的雏鸡中也时有发生,常被当作白痢。与白痢不同的是,伤寒病雏除急性死亡一部分外,其余还经常零星死亡,延续很久,而白痢在3~4周龄之后即渐趋平息,不再出现明显症状和死亡。

本病能经蛋垂直传播。与白痢不同,本病通常不广泛流行,呈散发性。

•3周龄以下的雏鸡发病时,表现全身委靡衰弱,排白色稀粪,有的呼吸困难,与白痢病很相似。急性病例突然停食,沉郁,排淡黄色或黄色稀粪,冠苍白缩皱,体温高,产蛋减少或停止。

青年鸡和成年鸡急性发病时,突然停食,精神委顿,羽毛蓬乱,排黄绿色粪便,由于发生严重溶血性贫血,冠髯苍白皱缩。产蛋减少或停止,体温高(43℃~44℃),迅速死亡。剖检可见肝、脾、肾红肿。亚急性和慢性病例发生贫血,表现食欲减少,交替出现腹泻、便秘,病程8天以上,死亡少,多转为带菌鸡。肝肿大、呈青铜色为特征性病变,肝和心脏有粟粒大小灰白色或淡黄色坏死灶。脾肿大1~2倍,心包积水,有纤维素性渗出物,心肌有散在的白色坏死结节。

用普通肉汤琼脂平板可直接分离鸡伤寒沙门氏菌,其形态比鸡白痢沙门氏菌粗,两端染色略深,在鸟苷酸生化培养基上能迅速脱羧。

97. 鸡副伤寒沙门氏菌病有何临床特征?

鸡副伤寒是指能运动的各种泛嗜性沙门氏菌血清型所致的鸡病的总称。其特征为腹泻、结膜炎和消瘦,使幼鸡大批死亡,成年鸡慢性和隐性感染。

(1)雏鸡 以急性败血症为主。带病出壳的雏鸡不久即死亡,无明显症状。10日龄以后发病的,症状与白痢很相似,略有不同的是,病雏排水样稀粪,饮水较多,较少表现呼吸困难;有时表现流泪,结膜炎,失明。6~10日龄死亡最多,1月龄以上的死亡少见。

雏鸡出壳不久即死亡的无明显病变。10日龄以后病死的可见肝、脾、肾淤血肿大,肝脏表面有出血条纹和点状坏死。常有心包炎,心包液增多呈黄色,有时心包膜与心脏粘连。以上病变与白痢很相似,其余稍有不同的是:盲肠内常有干酪样物堵塞,小肠有出血性炎症(尤其是十二指肠),心肌及肺上较少出现白痢那样的坏死结节。

(2)成年鸡 慢性副伤寒常无明显症状,有时轻度腹泻,消瘦,产蛋减少。

主要病变为肠黏膜有溃疡或坏死灶,肝、脾、肾不同程度地肿大,母鸡卵巢、输卵管的病变与鸡白痢相似。

98. 如何防控鸡沙门氏菌病?

(1)商品鸡场的控制策略

一是从鸡沙门氏菌病净化较好的种鸡场引进雏鸡。种鸡场鸡沙门氏菌病的净化情况直接影响雏鸡的质量。某些鸡场由于种鸡的带菌率较高,引起垂直传播。先天感染的雏鸡往往出生后7天内开始发病,并将此病传播给健康鸡,从而造成雏鸡的大量死亡,而且给雏鸡以后的生长发育及将来的产蛋性能造成不良影响。因此购买鸡苗时应慎重选择。

二是加强鸡场兽医卫生管理和生物安全措施。特别是严格执行空舍期鸡舍及鸡场全环境的清理和彻底消毒制度,把病原菌消灭在进雏之前,鸡粪要及时消除并集中处理;鸡舍及附属设备要定期洗净、消毒。做好鸡场和孵化场灭鼠灭虫工作,消灭细菌的储存宿主和中间媒介。减少饲料原料的污染,可开展饲料的膨化工艺,进一步确保饲料的安全性。

三是实行药物防治。鸡群定期投服敏感抗生素,可预防沙门氏菌病。预防时可选用硫酸黏杆菌素、牛至油等药物预防,第一周给药 5 天,以后每周投药 1 次,直至淘汰。治疗时可用盐酸沙拉沙星,按 50 毫克/升饮水,连饮 3～5 天,也可选用新霉素、吉他霉素、磺胺喹啉钠＋甲氧苄啶进行治疗。

但药物治疗应注意药物残留及耐药性的问题,据报道,近年来分离的沙门氏菌的耐药性不断增强,应选择符合无公害要求的敏感药物进行治疗。

四是使用饲料添加剂。饲料添加剂虽然能有助于对沙门氏菌的控制,但会增加日粮成本,而且没有一种是百分之百的有效,效果的不确定性使此法只能作为辅助参考措施。

微生态制剂是一种含有益菌的复合物,能与来自胃肠道包括沙门氏菌在内的病菌产生竞争性排斥。在胃肠道微生物系统还没有完全建立之前的青年鸡中应用效果最佳。常用的产品如促菌生、调痢生等,使用微生态制剂前后各 4～5 天禁用抗菌药物。

添加有机酸通常是为了抑制霉菌,但其也能抑制细菌,包括沙门氏菌。注意有机酸中的一些可能会对金属设备有腐蚀作用,没有一个产品能够杀死来自家禽的全部沙门氏菌。

特定的碳水化合物(如乳糖、甘露糖)在日粮中超过 5％ 的水平时,会导致盲肠内容物的酸度升高。酸性环境不利于沙门氏菌的生长,有利于降低感染水平。雏鸡出壳后可以用2%～5%乳糖或5%红糖饮水,效果较好。

(2)种鸡场鸡的控制策略

①种鸡群鸡白痢-伤寒沙门氏菌的净化　种鸡场沙门氏菌病的净化程度关系到商品鸡苗的质量,种鸡场除采取商品鸡场采取的以上措施外,坚持执行鸡白痢-伤寒沙门氏菌净化,是控制鸡白痢-伤寒沙门氏菌病的有效方法。

种鸡群的净化十分重要。常用全血平板凝集反应来检测鸡体内的鸡白痢-伤寒沙门氏菌抗体,从而检出感染鸡。鸡白痢-伤寒沙门菌病全血平板凝集反应诊断抗原只适用于15周龄以上的鸡,对幼龄鸡敏感度较差。根据这一特性,对所有育种用鸡群,在120～140日龄期间进行现场检疫,即在转群之前。此时鸡群处于性成熟阶段,血检反应速度快,检出率高,阳性检出率达90%～98%,而且不影响种鸡按时开产。如果检疫过晚,会造成150～170日龄之间的鸡群中有20%～30%阳性血清抗体转阴而漏检,影响净化的效果。

通常检测1次不能除去所有的感染鸡,要建立无鸡白痢种鸡群,应每间隔3～4周检疫1次,直到连续2次均为阴性。在大多数情况下,可以通过短间隔检测消灭鸡群感染,重检2～3次足以检出所有的感染鸡。

引进种雏应从无病国家或原种场引进,阳性种鸡场应长期坚持全群逐只检疫,淘汰鸡白痢与鸡伤寒阳性病鸡,达到逐步净化目的。对已经净化的鸡场加强隔离防疫,防止再感染。

沙门氏菌可以附着在卵壳的表面,向卵内侵入,采取下列措施可以减少种蛋的污染:频繁采集鸡蛋,产蛋后迅速消毒及冷却鸡蛋,正确地贮藏鸡蛋(温度18℃,空气相对湿度70%～80%),孵化前对种蛋预热,防止蛋壳表面出水珠,种蛋消毒和孵化机、出雏机的消毒可减少沙门氏菌的传播。

(3)免疫预防 种鸡群的净化是控制鸡白痢-伤寒沙门氏菌有效的方法。但对于家禽包括最常引起人类疾病的肠炎沙门氏菌和鼠伤寒沙门氏菌在内的副伤寒沙门氏菌的感染,是很难通过此种方法进行净化或控制的,需要采取严格的综合防制措施才能有效控制。在欧盟得到广泛应用的沙门氏菌病疫苗的免疫接种,是控制鸡副伤寒较为重要的辅助方法,在种鸡和商品鸡中都可以使用,广大养殖者可以借鉴。

常用的疫苗有两类:一类为灭活疫苗,如肠炎沙门氏菌病灭活疫苗、鼠伤寒沙门氏菌病灭活疫苗等;另一类为弱毒活疫苗,如肠炎沙门氏菌病活疫苗、鼠伤寒沙门氏菌病活疫苗等。

针对肠炎沙门氏菌和鼠伤寒沙门氏菌的灭活疫苗主要诱导体液免疫,不能诱导产生消化道局部保护力,可阻止或减少垂直传播,但不能阻止临床感染。加之灭活疫苗的推荐免疫时间较晚,有早期保护缺口,所以使用受到限制。全球养鸡业在临床上广泛应用的弱毒活疫苗是鼠伤寒沙门氏菌病活疫苗和鸡肠炎沙门氏菌病活疫苗,但将灭活疫苗与活疫苗结合起来使用,效果更好。

99. 禽霍乱的流行原因和发病特点有哪些?

禽霍乱又叫禽巴氏杆菌病、禽出血性败血病,简称禽出败。禽霍乱是鸡、鸭、鹅都能感染的急性败血性传染病。病原体是禽多杀性巴氏杆菌,为小的短杆菌,接近于卵圆形,少数近于球形。革兰氏染色阴性,呈现明显的两极着色。

禽霍乱的流行原因有以下两个:

一是应激造成的机体抵抗力下降。鸡群发生禽霍乱时,往往查不到传染源。一般认为鸡在发病前,其呼吸道中就有该病菌存在,但并不发病,一旦遇到饲养管理不当、气候变化、通风不良、拥挤、长途运输、营养缺乏等不良因素影响,使机体抵抗力降低时,病原菌毒力增强,便可发病。管理粗放以及气候潮湿闷热等不良外界环境可促使发病或使病情加剧。

二是病原污染。发生过禽霍乱的鸡场，病原难以清除，往往连续多年发生禽霍乱。曾有报道：某发生禽霍乱的鸡场，在周围地区无禽霍乱发病的情况下，连续 6 年各批鸡不断发生禽霍乱，后经数年努力，采取多种措施才得以基本控制，经济损失惨重。

由于本病的病原对外界抵抗力弱，因此，慢性病例和健康带菌者是主要的传染源。病菌主要从病鸡的口、鼻的分泌物中排出体外。

虽然成年禽与幼禽都感染，但以成年禽多发生。刚开产鸡或正在产蛋高峰的鸡发病较多，尤以体格肥壮的鸡呈最急性或急性死亡者居多。本病一年四季都可发生，但以高温、潮湿多雨的夏季及季节交替、气候多变时容易发生。

100. 禽霍乱的症状与病变特征有哪些？

禽霍乱是严重危害养鸡业的一种传染病，该病的死亡率很高，最急性病例几乎看不到前驱症状而突然死亡。

病程短的鸡只无明显症状突然死亡，病程短者几分钟，长者不过数小时。有的鸡只仅表现不安后，在鸡舍内拍翅抽搐几次后死亡。

病程稍长的鸡只表现精神委顿，离群独处，缩颈闭眼，不喜欢活动，常闭眼打瞌睡，精神沉郁，有的病鸡把头埋于翅膀里。羽毛松乱，双翅下垂，食欲废绝而饮水量增加，鸡冠和肉髯呈青紫色。有的表现为伸颈张口呼吸，冠部呈暗黑色。常腹泻，排出灰白色或带绿色水样稀粪，污染肛门周围。病鸡常发出刺耳的尖叫声，体温达 43℃～44℃，最后昏迷、痉挛而死亡。病程短的约半天，长的 1～3 天。

慢性患病鸡表现为呼吸道炎症和胃肠炎，可见肉髯肿大、坏疽，鼻流黏液，鼻窦肿大，关节发炎或肿大，跛行。

最急性型往往看不到明显的病变。

急性型：心包积有黄色液体，心冠脂肪、心外膜有点状出血。肠道、肺、腹腔脂肪都可见出血点。肝脏肿大、质脆、色暗红，表面有灰白色针尖大坏死点，此病变具有诊断意义。十二指肠黏膜弥漫性出血、肿胀，呈紫红色，肠内容物呈血液样。肺高度淤血和水肿。

慢性型：由于被感染的器官不同而有差异，常发生于呼吸道的各部分，如鼻窦和肺，常见有肺炎和肺硬变，局限于关节的病例，主要见于腿部和翅膀等部位，关节肿大、变形，有炎性渗出物和干酪样坏死。

101. 如何诊断禽霍乱？

根据临床流行特点、临床症状、病理变化可做出初步诊断，确诊需进行实验室诊断。

（1）实验室诊断

①抹片镜检　取病死鸡只的肝、心血抹片镜检，均见到两端稍圆、单个存在的小杆菌，多数菌体呈典型的两极着色。

②分离培养　取病死鸡的肝、脾制成匀浆，接种于血琼脂平皿上，37℃培养24小时后，长出的菌落较小，圆形光滑，呈淡灰色，黏稠状，如露珠样，不溶血。涂片染色镜检时呈革兰氏阴性。

（2）鉴别诊断　临床上应注意禽霍乱与新城疫、禽流感的鉴别诊断，要点如下：

其一，鸡霍乱多发生于性成熟后的鸡鸭；高致病性禽流感、典型鸡新城疫等可发生于各种日龄的家禽。高致病性禽流感、鸡新城疫、禽霍乱等均可见到冠、髯发紫、肿胀的表现；但高致病性禽流感的水肿明显，而且头部、面部肿胀明显，且伴有腿鳞出血，还可见到眼结膜充血、流泪的症状；鸡新城疫很少见到腿鳞出血现象，但濒死鸡嗉囊胀满，倒提时可从口腔流出酸臭液体。新城疫、禽流感可能出现神经症状,禽霍乱则无。

其二,3 种病均可见到肠道出血,其中禽流感的肠道为轮环状出血,新城疫、禽霍乱为弥漫性出血。禽霍乱一般见不到腺胃乳头出血,禽流感、新城疫可见到腺胃乳头出血,但新城疫除了腺胃乳头出血还可见到肌胃角质膜下出血。禽霍乱病例的肝病变最具特征性,在显著暗紫色肿胀的肝表面上,布满了密集的大小不等灰白色的坏死灶。禽流感病例的肝可见到肿大出血,而新城疫的肝可见到出血但不肿大。3 种病都有心外膜、冠状脂肪出血的表现,但禽流感的心脏可见到稀疏的灰白色或乳白色的斑状坏死灶,而禽霍乱则同时可见到大叶性肺炎病变。

其三,禽霍乱病鸡肝脏及心血涂片镜检,见有多数两极着色的小杆菌,小白鼠皮下接种病料,呈败血症死亡,抗菌药物治疗有效;鸡新城疫、禽流感镜检无细菌,小白鼠皮下接种病料存活,抗菌药物治疗无效。

102. 如何防控禽霍乱?

(1)平时的预防措施

①卫生预防　主要是做好平时的饲养管理工作,使鸡体保持较强的抵抗力。同时要注意搞好隔离消毒工作,防止病原菌传入。

②药物防治　对受到本病威胁或可疑鸡群应及时合理地使用抗菌药物进行防治。常用药物有盐酸土霉素、磺胺喹噁啉钠+甲氧苄啶、复方磺胺嘧啶等。为避免巴氏杆菌产生抗药性,剂量要合理,至少连续使用一个疗程(3~5 天),选择几种药物交替使用,最好进行药敏试验筛选出有效的治疗药物。

③免疫接种　在本病经常发生的地区,可考虑用疫苗预防。3 月龄以上鸡群用禽霍乱氢氧化铝菌苗或禽霍乱弱毒苗进行预防接种,7 天后产生免疫力,免疫期可达 6 个月。

禽霍乱菌苗分为弱毒苗和灭活苗两类。弱毒苗因选用菌株不同,有多种产品。灭活苗也因原料不同有组织苗、油乳剂苗、蜂胶苗等多种。用法用量应遵循说明,注意弱毒苗注射前 3 天至注射后 7 天不能对鸡群使用抗菌药物。由于本病病原血清型比较多,疫苗使用效果如何,取决于其与当地流行血清型是否匹配,因此,要注意选择。

(2)发病后的处理措施 出现疫情后,立即封锁鸡场,并用 10%新鲜石灰乳对鸡舍和周围环境以及用具进行消毒,并进行喷雾消毒。将病鸡分开隔离,有条件时对未出现症状的鸡只紧急注射禽霍乱抗血清。

使用药物治疗,土霉素 40 毫克/千克体重,肌注或口服,每天 2～3 次。一般用药 1 次即显著好转,连续使用 1～2 天即可治愈。大群防治时,可按土霉素 0.05%～1%的比例混在饲料里或饮水里,连用数天即有显著疗效。氟苯尼考、复方磺胺氯达嗪钠(磺胺氯达嗪钠＋甲氧苄啶)也可使用。还可使用中药制剂如禽菌灵治疗,有一定疗效。

病鸡及其排泄物是本病的传染源,因此发现病鸡必须及时剔除,其排泄物和病死鸡要深埋处理。凡是病鸡污染的饲料、水源、用具及场地必须消毒。巴氏杆菌对各种物理、化学因素抵抗力不强。60℃加热 20 分钟死亡,直射阳光下 10 分钟则被致死。在 5%的生石灰水、1%漂白粉、50%酒精中 1 分钟就能把它杀死。

103. 鸡传染性鼻炎的流行原因及特点有哪些?

鸡传染性鼻炎是由副鸡嗜血杆菌引起的鸡的一种以鼻、眶下窦和气管上部的上呼吸道卡他性炎症为特征的急性或亚急性传染病,其特征是鼻腔和鼻窦发炎,打喷嚏、流鼻液、颜面肿胀等。主要危害是阻碍生长,增加淘汰率以及产蛋量减少。

本病不垂直传播,病原体在外界极易死亡,传染源主要是康复后的带菌鸡、隐性感染鸡和慢性病鸡。病原菌在感染鸡的鼻腔和眶下窦黏膜中生长繁殖,并随鼻液排出(每毫升鼻汁约含1亿个病原菌),污染环境。健康鸡可通过采食污染的饲料和饮水经消化道感染,也可通过呼吸含有病菌的飞沫及尘埃经呼吸道感染。饮用被病原菌污染的水常是初次感染鸡群发病的主要传播途径。因此,不同日龄、批次、来源的鸡混养及清舍之后未进行彻底消毒,是导致鸡场流行此病的重要原因。

本病的发生与一些能使机体抵抗力下降的诱因有密切关系。如鸡群拥挤,通风不良,空气污浊,氨气浓度大,鸡舍闷热或寒冷潮湿,缺乏维生素A,受寄生虫侵袭等都能促使鸡群发病。鸡群接种禽痘疫苗引起的全身反应,也常常是传染性鼻炎的诱因。本病多发于冬秋两季,这可能与气候以及相应的饲养管理条件有关。

本病自然宿主是鸡,各种日龄的鸡均能感染,但日龄越大,易感性越强。主要发生在育成鸡和产蛋鸡。产蛋鸡发病率高、症状典型且严重。雏鸡易感性差,临床上很少发病。

本病潜伏期短,传播快,发病率高且极易复发。一般前期死亡率低,后期死淘率高。少数菌株毒力强,在发病期也可造成较高的死亡率。常与鸡传染性喉气管炎、大肠杆菌、葡萄球菌、支原体混合感染。某些细菌常常产生副鸡嗜血杆菌生长所需的v因子,助长了副鸡嗜血杆菌,使病情加重,引起更高的死亡率。

104. 鸡传染性鼻炎的症状和病变有哪些?

(1)临床症状 本病的潜伏期为1~4天。传播迅速,3~5天可波及全群。病鸡最初的症状是发热,食欲减退,流稀薄鼻液。发病2~3天后,鼻液黏度增加,在鼻孔形成黄色结痂,出现呼噜声和奇怪的咳声,常有甩头动作。部分鸡头插在翅膀下,精神委靡不振。发病1~3天后,出现以眼下部为中心的颜面水肿并流泪,颜面的水肿大多为一侧性。发病3~5天后有少数病鸡肉髯、下颌肿胀,个别鸡冠出现水肿。产蛋鸡产蛋下降,一般下降幅度为5%~

30％。病鸡出现下痢,排绿色粪便,消瘦,掉毛。当与慢性呼吸道病、大肠杆菌病、霍乱、鸡痘、传染性支气管炎和传染性喉气管炎等混合感染后,还会出现较高的死亡率。

综合症状:流鼻液和颜面水肿为100％,打呼噜和咳嗽50％,下痢50％,流泪30％,绿便30％,少数肉髯、下颌或鸡冠水肿。

本病发病率虽高,但死亡率较低,尤其是在流行的早、中期鸡群很少有死鸡出现。但在鸡群恢复阶段,死淘增加,但不见死亡高峰。这部分死淘鸡多属继发感染所致。

(2)病理变化 比较复杂多样,有的死鸡具有一种疾病的主要病理变化,有的鸡则兼有2~3种疾病的病理变化特征。具体说在本病流行中,由于继发病致死的鸡中常见鸡慢性呼吸道疾病、鸡大肠杆菌病、鸡白痢等,病死鸡多瘦弱,不产蛋。

育成鸡发病死亡较少,流行后期死淘鸡不及产蛋鸡群多。主要病变为鼻腔和窦黏膜呈急性卡他性炎,黏膜充血肿胀,表面覆有大量黏液,窦内有渗出物凝块,后成为干酪样坏死物。常见卡他性结膜炎,结膜充血肿胀,脸部及肉髯皮下水肿。严重时可见气管黏膜炎症,偶有肺炎及气囊炎。

105. 如何诊断鸡传染性鼻炎?

根据流行特点、症状及病变可做出初诊断,确诊需实验室诊断。

(1)实验室诊断

①病原学诊断 无菌采取病鸡眶下窦内渗出物涂片,革兰氏染色后镜检,可见革兰氏阴性、散在、单个或成对排列的两端钝圆的短小杆菌,间有卵圆形、球形菌体,无芽胞和荚膜。

也可取眶下窦渗出物,划线接种于鸡肉汤琼脂平板上,在5％二氧化碳下,37℃培养24~48小时后长出珠状菌落。在鸡肉汤培养基中培养24~48小时,呈均匀一致的混浊,管底有少量的沉淀,取 4～8 周龄的小鸡经眶下窦注射适量病料悬液或菌落,一般在 2 天内出现典型的鼻炎症状。

②血清学诊断　实验室最常用、最简便的血清学试验方法是全血凝集反应,也可用血清凝集反应、血凝抑制试验、琼脂扩散试验等。

(2)鉴别诊断　本病应注意与慢性呼吸道疾病区别:

慢性呼吸道病 1～2 月龄鸡多发,临床上以喘气、咳嗽、鼻窦部肿胀、流涕和呼吸啰音为特征,病程长,病鸡呈现渐进性消瘦,成年鸡呼吸啰音有时白天不明显,而到晚上则表现明显。传染性鼻炎多发于育成鸡和产蛋鸡群,病鸡的鼻孔、鼻道常被黏液性分泌物所糊住,且有结膜炎症状,鸡冠面部及肉髯同时发生水肿,但无呼吸啰音。

慢性呼吸道病鸡上部呼吸道及气囊呈卡他性炎症,气管黏膜增厚,早期气囊膜轻度混浊水肿,表面附有增生性结节病灶(念珠状),内部有黄白色干酪样物质,严重病例有时可发生纤维性或化脓性心包炎、肝被膜炎及气囊炎,病程后期会出现眼睑肿胀。传染性鼻炎除鼻腔、鼻窦、气管与慢性呼吸道病有类似病变外,常见病鸡面部肿胀,但通常无明显的气囊病变。

106. 如何防控鸡传染性鼻炎?

(1)预防措施

①管理与卫生　严格执行全进全出的制度,鸡场内每栋鸡舍应做到全进全出,禁止不同日龄、不同批次、不同来源的鸡混养,尤其日龄大的鸡群更要注意隔离饲养。清舍之后要彻底进行消毒,空舍一定时间后方可让新鸡群进入。鸡场在平时应加强饲养管理,提高鸡只抵抗力。改善鸡舍通风条件,要保证鸡舍内的适宜温度及鸡群密度。饲料营养全面充足。

②免疫接种　在本病流行地区可用鸡传染性鼻炎油乳剂灭活

菌苗进行人工免疫。对 25～40 日龄小鸡和 120 日龄育成鸡分别肌注,能有效地控制本病的发生和流行。在施行免疫接种时,需要特别注意的是所用菌苗的血清型一定要与本地区流行菌型相同。

(2)发病后的处理措施 在鸡群发病初期,立即投药的同时接种灭活苗,并加强鸡舍的消毒和改善鸡群的饲养条件,可有效地控制本病的流行。

①药物防治 多种抗生素和磺胺类药物都有良好的治疗效果,但停药后易复发,且不能消灭带菌状态。给药的方法有滴鼻、饮水、拌料和注射等,常用饮水的方法给药,这样既可杀菌又可治疗,也可以将几种方法和药物配合使用,同时应注意早期用药,连续用药,改善饲养管理条件等。常用的抗菌药物有复方磺胺嘧啶、磺胺喹噁啉钠＋甲氧苄啶、盐酸土霉素等,喹诺酮类药物也是常用治疗药物。副鸡嗜血杆菌对磺胺类药物非常敏感,是治疗本病的首选药物。

如若鸡群食欲下降,经饲料给药血中达不到有效浓度,治疗效果差。此时可考虑用抗生素采取注射的办法,同样可取得满意效果。给药方法能否保证鸡只每天摄入足够的药物剂量,这是决定治疗效果的关键。

②紧急接种 当发现鸡群感染本病时,在药物治疗的同时,立即接种传染性鼻炎油乳剂灭活菌苗,能有效地控制本病的流行。在鸡群已感染的情况下,接种疫苗有时能激发传染性鼻炎的发生,但与不接种疫苗的鸡群相比,即使发病也较轻微,鸡群的恢复也比较快,损失较小。

经治愈的康复鸡仍然可能排菌,应进行隔离饲养或淘汰,严禁将其并入其他鸡群。发病的鸡舍也应彻底消毒,空舍后方可再使用。

107. 鸡葡萄球菌病流行原因及特点有哪些?

鸡葡萄球菌病是由金黄色葡萄球菌引起的一种急性或慢性传

染病,多发生于40～80日龄的鸡,可造成20％以上的死亡。发病幼禽呈急性败血型;育成鸡和成年鸡多呈慢性型,表现为关节炎或趾瘤。

金黄色葡萄球菌在自然界分布很广,在土壤、空气、尘埃、水、饲料、粪便、污水中及物体表面均有存在。禽类的皮肤、羽毛、眼睑、黏膜、肠道亦分布有葡萄球菌。鸡对葡萄球菌的易感性,与表皮或黏膜创伤的有无、机体抵抗力的强弱、葡萄球菌污染的程度以及环境有密切关系。

皮肤或黏膜表面的破损常是葡萄球菌侵入的门户。在鸡群发生鸡痘、戴翅号及断喙、刺种免疫、网刺、刮伤、啄伤等情况下都易感染葡萄球菌,雏鸡脐带感染也是常见的途径。另外,鸡群密度过大,拥挤,通风不良,鸡舍空气污浊、卫生条件差,饲料单一、缺乏维生素和矿物质,以及存在某些疾病等因素,均可促进葡萄球菌病的发生和增高死亡率。鸡体患有其他疾病,像鸡痘、传染性法氏囊病、黄曲霉毒素中毒、白血病等,降低了机体的抵抗力而增加了感染机会。本病主要发生于笼养鸡以及环境卫生不良、管理条件恶劣的大群鸡。

本病一年四季均可发生,以雨季、潮湿高温时节发生较多。肉用鸡和蛋用鸡都可发生,以40～60日龄的鸡发病最多。鸡的品种对本病发生有一定关系,在蛋用鸡中以轻型鸡发生较多,如白来航鸡等,黄褐色蛋用鸡发生相对少些。

108. 鸡葡萄球菌病有哪些类型?

(1)脐炎型　新生雏鸡脐炎由多种细菌感染所致,其中有部分鸡因金黄色葡萄球菌感染脐孔,可在1～2天内死亡。临床表现脐孔发炎肿大,腹部臌胀(大肚脐)等,与大肠杆菌所致脐炎相似。脐部发炎、肿胀,呈紫红色或紫黑色,有暗红色或黄色的渗出液,时间稍长则呈脓性或干酪样渗出物。小肠黏膜和浆膜上有出血点,腹腔内有淡红色渗出物,肝、脾等器官充血、变性或出血。卵黄吸收不良,呈黄红色或暗灰色液体,内混有絮状物。

(2)败血症型 该型病鸡生前没有特征性临床表现,一般可见病鸡精神、食欲不好,低头缩颈呆立。病后 1~2 天死亡。当病鸡在濒死期或死后可见到鸡体的外部表现,在鸡胸腹部、翅膀内侧皮肤,有的在大腿内侧、头部、下颌部和趾部皮肤可见皮肤湿润、肿胀,触摸有波动感,相应部位羽毛潮湿易掉。部分病鸡的翅膀背侧、翅尖、尾部、腿部等出现大小不等的出血斑,或局部发炎坏死、结痂。

病死鸡局部皮肤增厚、水肿。切开皮肤可见皮下有数量不等的紫红色胶冻样液体,胸腹肌出血。有的病死鸡皮肤无明显变化,但局部皮下(胸、腹或大腿内侧)有灰黄色胶冻样水肿液。

(3)关节炎型 成年鸡和肉种鸡的育成阶段多发。多见于跗关节,关节肿胀,有热痛感。病鸡站立困难,以胸骨着地,行走不便,跛行,喜卧。有的出现趾底肿胀,溃疡结痂。肉髯肿大出血,冠肿胀有溃疡结痂。

关节肿胀处皮下水肿,关节液增多,关节腔内有白色或黄色絮状物。

(4)眼炎型 发生鸡痘时可继发葡萄球性眼炎,导致眼睑肿胀,有炎性分泌物,结膜充血、出血等。

109. 如何诊断鸡葡萄球菌病?

根据流行特点、症状及病变可做出初步诊断,确诊需进行实验室诊断。

(1)病原学诊断 用病死鸡的肝脏、关节液和头部水肿液涂片,经革兰氏染色镜检,均见到革兰氏阳性球菌,呈单个或双葡萄状排列。在普通营养琼脂培养基上,经 37℃培养 18 小时形成表面光滑、边缘整齐、稍隆起、不透明、灰白色的直径 1~3 毫米的圆形小菌落,若此菌落超过 24 小时培养,可由原来的乳白色变成金黄色。在肉汤培养基中,经 37℃18 小时培养呈轻度一致浑浊,管底有少量絮状白色沉淀物。

取以上菌落进行革兰氏染色镜检,见到固体培养基上的分离菌呈成双葡萄状排列革兰氏阳性球菌,肉汤培养基上呈单个散在的革兰氏阳性球菌。糖发酵试验能分解葡萄糖、麦芽糖、乳糖、甘露醇,产酸不产气。

(2)鉴别诊断

①葡萄球菌病与硒缺乏症区别　前者多发生于 30～60 日龄,皮下渗出液呈紫黑色,局部的羽毛易脱落;后者则多发生于 15～30 日龄,皮下渗出液呈蓝绿色,局部的羽毛不易脱落,有神经症状出现。

②葡萄球菌病与病毒性关节炎、滑液支原体病区别　葡萄球菌病引起关节肿大,发热,触摸时鸡有痛感,卧地不起,腿缩于腹下,常因不能走动采食而饿死,经细菌检验可确诊。病毒性关节炎引起关节肿大,腿外翻,跛行,死亡率较低,经血清学试验可确诊。滑液支原体病多发生于 9～12 周龄的育成鸡,跛行,死亡率很低,经血清学检验可确诊。

110. 如何防控鸡葡萄球菌病?

(1)预防措施

①避免鸡发生外伤　这是消除葡萄球菌侵入和感染的门户,减少发病的重要措施。鸡笼的毛刺是造成外伤的重要原因,因此装置鸡笼时要注意;鸡群密度不宜过大,防止拥挤;光照强度适中,防止引起啄癖;适时断喙;在断喙、剪趾、刺种时要做好皮肤的消毒工作。

②加强饲养管理,搞好环境卫生　给鸡群提供营养成分全面的饲料,特别是维生素和矿物质;适时通风,做好消毒工作。孵化

箱、雏鸡盒、出鸡盘污染是脐炎发生的重要原因,应经常消毒,保持鸡舍、用具及周围环境的清洁卫生,减少环境中的含菌量,以减少感染机会。

③免疫接种 由于葡萄球菌有各种不同的血清型,多为地方性流行,所以制苗用的菌种常采自发病的鸡场,选用致病力较强的葡萄球菌制苗。常用的菌苗有氢氧化铝灭活苗和油乳剂灭活苗,实际使用中,后者的效果更佳。

(2)发病后的处理措施 发病后应立即调查发病原因,是否存在饲养密度过大、啄癖等问题,针对发病原因采取措施,避免疫情扩大。治疗中,首先选择口服易吸收的药物,当发病后立即全群投药,控制本病流行。金黄色葡萄球菌对药物极易产生抗药性,用药前应做药物敏感试验,选择有效药物全群给药。许多抗生素和磺胺类药物均能杀灭葡萄球菌。常用的药物有甲磺酸达氟沙星、氟苯尼考等,对于已发病的个体可用抗菌药物注射治疗。

111. 鸡慢性呼吸道病的流行原因及特点有哪些?

鸡慢性呼吸道病是由鸡毒支原体(过去称败血霉形体)引起的一种接触性、慢性呼吸道传染病,也称鸡呼吸道支原体病。其特征是呼吸啰音、咳嗽、流鼻涕、气囊炎等。该病发病率高,病程长,造成肉鸡生长发育慢,成活率低,饲料转化率低,蛋鸡产蛋率下降,种蛋孵化率和出雏率降低。

目前,慢性呼吸道病在全国各地流行广泛而严重,虽然有多种药物可以治疗本病,但很难根治,极易复发,给养鸡业带来极大的经济损失,我国每年因本病造成的损失高达十几亿元。

本病的主要传染源是病鸡、隐性感染的鸡。本病的传播方式有两种,即水平传播和垂直传播。种鸡发过病的,即使症状早已消失,只要血清学检查呈阳性,公鸡精液中和母鸡输卵管中都含有病原体,能经种蛋传递给下一代雏鸡。水平传播主要是同群鸡相互接触,经呼吸道传播,也能通过饲料、饮水由消化道传染。病鸡症状消失后仍长期排出病原体,健康鸡与之接触很容易被传染。

　　侵入鸡体的支原体可长时间存在于上呼吸道而不引起发病,当某种诱因使鸡的体质变弱时,即大量繁殖引起发病。能引起发生本病的诱因有以下几个:①气候骤变、昼夜温差大时该病易多发。特别是在冬春季节,由于没有做好防寒工作,鸡群极易因受寒而引发该病。②鸡群饲养密度过大,加上舍内通风不良,粪便潮湿,产生大量氨气、二氧化碳、硫化氢等有毒、有害气体积蓄,也可引发该病。③鸡群发生传染性鼻炎、传染性喉气管炎、传染性支气管炎、鸡新城疫、大肠杆菌病等其他疾病时,可继发慢性呼吸道病。④在平时正常的防疫工作中,使用喷雾免疫,也容易导致该病发生。⑤饲料中维生素A缺乏时,可导致呼吸道上皮黏膜干燥、角化、脱落,抵抗力降低,有利于病菌的生长繁殖。

　　本病一年四季均可发生,尤以冬春季流行严重。各日龄的鸡都可感染,1月龄至2月龄的雏鸡最敏感。易继发其他疾病。

　　鸡的呼吸道黏膜被破坏以后,天然屏障的作用没有了,病原体就容易长驱直入,所以慢性呼吸道病发生后极易暴发其他传染病,如新城疫、传染性鼻炎、传染性支气管炎、传染性喉气管炎、大肠杆菌等病,其中最易继发感染的是大肠杆菌病,通常有了慢性呼吸道病,一般就有大肠杆菌病,反过来亦然,因此生产上常把这两种病称为"姊妹病"。

112. 鸡慢性呼吸道病的临床症状及病理变化有哪些?

　　单纯的慢性呼吸道病症状非常轻微,几乎难以察觉,仅见鼻孔不洁,少见有鼻液流出。临床上本病通常与大肠杆菌、嗜血杆菌等混合感染,呈现混合症状。典型的症状包括以下三个方面:

　　一是眼、鼻、面部症状。先是鼻液增加,以手挤压鼻孔时流出清液。鼻孔周围及颈部羽毛明显污染。眼湿润似欲滴泪,眼角有泡沫。随后由于眼鼻分泌物排泄不畅,使面部肿胀。鼻腔和眶下窦中蓄积渗出物,初为黏液性,逐渐转为脓性,不久水分被吸收,变为干酪样,上下眼睑闭合时凸出呈球状。

二是呼吸啰音。其后炎症蔓延到下呼吸道即出现咳嗽,呼吸困难,呼吸有气管啰音等症状,起初较轻,夜间寂静时蹲在鸡群中才能听到。随后啰音逐渐加重,白天在数步之外即能听见。个别病鸡咳嗽,打喷嚏。

三是全身症状。起初不明显,随后轻度精神沉郁,减食,排杂色稀粪,产蛋减少一至二成。

以上症状多见于肉用仔鸡和1~2月龄的蛋鸡,公鸡明显重于母鸡。当采取一般性对症治疗措施后,病情可缓解、平息,鸡群病情时好时坏,是本病的一个临诊特点。

单纯的慢性呼吸道病病理变化也不太明显,仅会引起轻度鼻炎和眶下窦炎,可见鼻和窦的黏膜充血、肿胀,窦腔内充有黏液,气管和喉头有微量透明或浑浊黏液。病程较长的,窦腔中有浑浊黏液或干酪样渗出物,炎症漫延到眼睛,可见一侧或两侧眼部肿大,剥开眼结膜可以挤出黄色的干酪样物。

剖检可见肺脏淤血、水肿或有不同程度的肺炎。气囊变化明显,胸部气囊呈纤维素性炎,气囊壁增厚浑浊,有黄色泡沫液体;病程久者,囊壁上附有黄色干酪样渗出物,同样的病变有时也可见于腹部气囊。

113. 怎样诊断鸡慢性呼吸道病?

根据流行特点、症状及病变可做出初步诊断,确诊需进行实验室诊断。

(1)实验室诊断

①血清学方法　血清学方法有助于诊断,结合病史、典型症状即可做出初步诊断。常用的血清学方法有血清平板凝集试验、血

凝抑制试验、酶联免疫吸附试验、荧光抗体技术等。

②病原体的分离与鉴定　鸡毒支原体对培养基的营养要求很高,常用的人工培养基为 PPLO 和改良 FM-4 培养基,也可用鸡胚或组织进行分离培养。无菌取鸡的喉头、气管、肺、鼻甲骨、气囊或其分泌物接种于培养基中,37℃下培养。经 3 次克隆化培养后根据菌落形态、菌体特征、生化特性及红细胞吸附等进行鉴定,同时结合血清学试验来加以确定。

(2)鉴别诊断

①传染性支气管炎　本病病原体为病毒,抗菌药物治疗无效。主要危害雏鸡,传染快,表现流涕、喘气、咳嗽、打喷嚏及发生气管啰音。新生雏鸡死亡率高,产蛋鸡产蛋量下降。剖检可见气管有黏稠渗出物或黄色干酪样物,气囊有卡他性或纤维素性炎。

②大肠杆菌性呼吸道病　发病多因饲养管理不善,鸡舍环境欠佳,尤其是鸡舍内通风不良,饲养密度过大,垫料潮湿,日粮配合不合理等原因使鸡体免疫力下降;种蛋消毒不严格也是重要病因。剖检可见气囊增厚,心包表面附着灰白色絮状物,内充满淡黄色渗出液,常伴发心肌炎,肝肿大,表面淡黄色黏性假膜,有的盲肠、肠系膜呈现典型的肉芽肿,重症鸡还出现肾脏肿大,甚至腹水。

114. 鸡慢性呼吸道病的防控策略有哪些?

(1)商品鸡场

①防止病原体的传入　购买的雏鸡、种蛋均应来自无疫区,种鸡场应是无慢性呼吸道病的鸡群,才能保证商品鸡群没有这种病。实行全进全出制度,鸡全部出栏后,要及时对鸡舍清洗消毒,并空置 1～2 周,进新雏前再对鸡舍进行全面清洗消毒,防止病原的循环感染。不同批次、不同年龄的鸡不能混养。

②加强饲养管理,创造良好的生活环境　保持通风良好,降低空气中的氨、硫化氢等有害气体浓度,避免温度忽高忽低;防止受

凉,注意饲料营养全面,防止缺乏维生素和矿物质;经常注意鸡舍的清洁卫生和消毒工作;预防传染病和寄生虫病的发生。

③防止或降低应激危害 长途运输、饲料突然改变、鸡群过分拥挤、疫苗频繁接种等都可使鸡体抵抗力降低,诱发本病。因此,对鸡群要加强科学管理,减轻鸡的应激程度。鸡一旦发生应激反应,应立即改善饲料营养,如增加维生素 A、维生素 C,并在饮水中添加多维、延胡索酸等药物,以减轻应激,促进机体康复。

④药物治疗 常用的药物有酒石酸泰乐菌素、恩诺沙星、泰妙霉素、土霉素等。需要注意的是不同药物的疗效可能有差异,因此要因时因地选用。药物可单独使用,也可联合或交替使用。另外,本病常与其他疾病并发,应注意综合防治;同时,在用药期间,必须配合饲养管理和环境卫生的改善,消除引起发病的不良因素,方能取得较好的效果。

(2)种鸡场 除了采取以上措施外,降低商品鸡雏支原体感染率也是一项重要的工作,此项工作包括以下几个方面:

①培育无支原体鸡群 病原体可存在于发病公鸡的精液中和母鸡的输卵管中,通过交配可传染该病,因此患病鸡特别是带菌的公鸡不能作种鸡。对大型种鸡场鸡群,幼鸡 2～4 月龄以后,每月在鸡群中抽出 10% 以上鸡,利用快速平板凝集试验进行检测,阴性者转入健康鸡群,阳性者不留作种用,这样就可以建立鸡毒支原体阴性的种鸡群。

②药物控制 种鸡群服用抗生素如红霉素、土霉素等,有利于降低种蛋的带菌率。

③种蛋处理 种蛋用药物处理或者加热处理可以减少或消除蛋内的病原体,从而减少发病。

④疫苗免疫 目前鸡的支原体疫苗未在养鸡场广泛使用,在种鸡中使用得较多。

灭活油乳剂疫苗:灭活油乳剂疫苗能引起机体产生较强的免

疫应答,且安全、不散毒。该疫苗可保护鸡群免受强毒株的攻击,在一定程度上可防止经蛋传播,保护产蛋鸡不造成产蛋量下降。经临床应用后,免疫期达 6 个月以上。一般是对 1～2 月龄母鸡注射,在开产前(15～16 周龄)再注射 1 次。

灭活苗可起到阻断经蛋传播的作用,但不能清除鸡体内的鸡毒支原体野毒,也不会防止感染,一旦有野毒攻击,虽然临床所表现的症状较轻,但仍可感染。

弱毒疫苗:相对于灭活苗,弱毒苗能起到清除鸡体内鸡毒支原体野毒的作用,对鸡体免疫后可将鸡体内的野毒置换,取代野毒,且弱毒苗有鸡间传播能力。

但必须注意,弱毒苗接种鸡群必须为健康鸡群,一般免疫前后3～5 天不能使用抗支原体药物,蛋鸡在产蛋期不宜接种。

115. 曲霉菌病的流行特点及原因有哪些?

禽曲霉菌病是一种严重危害家禽生产的真菌性疾病。主要侵害呼吸器官,主要是肺脏和气囊发生炎症,并形成霉菌小结节。雏禽发病率和死亡率都很高,成禽较少发生或为慢性经过。

曲霉菌病的主要病原有烟曲霉、黄曲霉、黑曲霉等。主要危害雏禽,成禽则为散发流行。该病全年均可发生,尤以梅雨期和玉米刚收获的季节为甚。各种日龄的家禽均可感染,但 5～18 日龄的幼雏发病率最高,死亡率也很高。随日龄的增大死亡率会逐渐降低,到 1 月龄以后基本停止死亡,也有个别情况当饲养管理条件差时,流行和死亡则会一直延续到 55～60 日龄。

在高温高湿的季节,饲料、垫料极易发霉,健康幼雏接触到被霉菌孢子污染的饲料、饮水、垫草以及空气而发病,具体原因如下:

一是育雏室内潮湿温暖,造成霉菌大量繁殖,再加上幼雏营养不良,是本病暴发的重要原因。最常见的原因是平养鸡垫料发霉,饲养密度大、通风不良。出雏室被霉菌严重污染,也可引起雏鸡的感染。

二是饲料发霉。饲料的管理工作失误，饲料受潮或被雨淋而发霉，特别是玉米发霉。

116. 曲霉菌病有哪些症状和病变？

急性型可见病雏呈抑郁状态，多卧伏，拒食，对外界反应淡漠。病程稍长者，可见呼吸困难，呼吸次数增加，伸颈张口，吸气时颈部气囊明显扩大，一起一伏，呼吸时发出嘎嘎声，夜间尤甚。眼睛受到侵害时，表现一侧或两侧同时发病，可见瞬膜下形成绿豆大的球状结节，致使眼睑肿胀、突出，或出现角膜浑浊、失明，多数幼雏在出现症状后 3～4 天死亡，死亡率为 5%～50%。

病变主要表现在肺脏，可见肺脏肿大，呈紫红或灰红色，有小米或绿豆大的、灰白色或黄色霉菌结节，质地较硬，结节中心为干酪样坏死，呈均质的豆腐渣样；外围呈暗红色，有多个结节时，则肺组织质地变硬，失去弹性。气囊、肝、胸腹腔也可见结节。气囊壁常变厚，被覆有一层绒裘状霉菌菌丝体。部分病例在肺、胸腹腔浆膜、肠、肝脏表面上，可见深褐色或烟绿色、大小不等、圆形、稍突起、中心凹陷、呈灰尘状的霉菌斑。

117. 如何诊断曲霉菌病？

根据鸡场饲料、垫料严重发霉，雏鸡多发且呈急性经过，临床特征为呼吸困难，剖检病变为肺、气囊可见灰白色结节、绿或黄绿色霉菌斑块，可做出初步诊断，确诊需实验室诊断。

(1)病原学诊断 取病禽肺或气囊上的白色或灰白色结节(结节中心的菌丝体最好)，放在载玻片上用 10%～20%氢氧化钾溶液 1～2 滴，浸泡 10 分钟，加盖玻片后用酒精灯加热，轻压盖玻片，使之透明，在显微镜下观察，可见曲霉菌的菌丝和孢子。有时直接抹片检查可能观察不到,需分离培养,然后进行检查鉴定。

(2)鉴别诊断

①传染性支气管炎 病原体为病毒。主要危害雏鸡,传染快,表现流涕、喘气、咳嗽、打喷嚏及发生气管啰音。新生雏鸡死亡率高,产蛋鸡产蛋量下降。剖检可见气管有黏稠渗出物或黄色干酪样物,气囊卡他性或纤维素性炎,但肺不形成特征性的肉芽肿结节。

②传染性喉气管炎 病原为病毒。秋冬流行,传播快,死亡率高。突然发病,阵发性咳嗽及咳出含有血液的渗出物,喉头和气管黏膜肿胀出血,甚至糜烂。呼吸困难,张口伸颈喘息。剖检病变见于喉头和气管。急性病例气管、喙、咽腔处充满带血的黏液,喉、气管中有时充满干酪样渗出物,特别是气管的 1/3 处,病变最明显,而中下段则变化轻微,或者完全没有变化。当炎症向下扩展时,支气管、肺脏和气囊受害,也能上行至眶下窦。轻型病例可见卡他性气管炎和结膜炎。

③鸡传染性鼻炎 本病由鸡嗜血杆菌引起,常发生于寒冷潮湿季节。主要是鼻腔及窦发炎。病鸡表现流涕,打喷嚏,面部水肿,眶下窦肿大,结膜发炎,眼球陷入四周肿胀的眶内。剖检可见窦、鼻腔黏膜充血肿胀,表面覆有大量黏液与窦性渗出物,后成干酪样坏死物,重病例气管黏膜也有炎症,偶有肺炎和气囊炎。

④应激性呼吸道病 给鸡接种冻干疫苗时,由于疫苗应激,往往引起鸡只发生咳嗽、甩鼻、张口呼吸及轻微的气囊炎等呼吸道的症状,但无其他明显病症变化。天气变化、换料、转群等其他应激引起鸡只发生的呼吸道症状也一样。

⑤大肠杆菌性呼吸道病 由于饲养管理不善,鸡舍环境欠佳,尤其是鸡舍内通风不良,饲养密度过大,垫料潮湿,日粮配合不合理等原因使鸡体免疫力下降。另外,种蛋消毒不严格也是导致本病的重要原因。剖检主要病变为气囊炎、心包炎、肝周炎。

118. 如何防控曲霉菌病?

(1)预防措施 保持鸡舍的干燥与通风,特别是在温暖潮湿的季节,经常检查垫料,及时更换发霉的垫料,有条件可以采用网上养殖。定期用 0.3%过氧乙酸溶液消毒,按每立方米 30 毫升喷洒地面、墙壁和天花板,保证孵化室也要定期消毒、通风。

不饲喂霉变饲料,在饲料中添加防霉剂是预防本病发生的一种有效措施,饲料存放时间最好是冬季不超过 7 天,夏季不超过 3 天,上料时要保证每天有一次净料后再添新料,且饮水器或水槽定期用 1‰高锰酸钾溶液清洗、消毒一遍。

(2)发病后的处理措施 立即停喂可疑的饲料,及时清除可疑垫料。同时用药治疗。制霉菌素片,每千克饲料拌入 50 万单位,喂服 5～7 天,健康雏鸡减半,重症者加倍应用。硫酸铜,按 1∶3000 倍稀释,进行全群饮水,连用 3 天,可在一定程度上控制本病的发生和发展。克霉唑,按 100 只幼雏 1 克,混入饲料内饲喂 5～7 天,也有较好疗效。如和制霉菌素片配合使用,则疗效更好。

中药治疗:取鱼腥草、蒲公英各 60 克,筋骨草 15 克,山海螺 30 克,桔梗 15 克,100 只 5～10 日龄雏禽 1 天用量,加水煎汁,作饮水,连服 7 天,有一定防治效果。

第五章 寄生虫病的防控

119. 鸡球虫病的发病特点有哪些? 有何临床特征?

鸡球虫病是一种常见的鸡原虫病,对养禽业危害严重,特征为肠道出血。本病广泛分布于世界各地,造成严重的经济损失。盲肠球虫如不及时治疗,死亡率可达80%以上。小肠球虫病影响产蛋。本病防治费用占养殖成本的很大比例,许多国家每年花在此方面的费用以亿美元计。

本病是由艾美耳球虫属的球虫引起的,球虫卵囊随病鸡粪便排出,可以经口传播。粪便污染过的饲料、饮水、土壤、笼具等,以及昆虫和人员也可以携带卵囊。本病有季节性,刚从粪便中排出的卵囊不能感染鸡,必须在22℃～28℃、有水分、氧气条件下,经12～36小时,发育成孢子化卵囊,才能感染鸡。

发生过球虫病的鸡舍,短期内再引入健康鸡也会发生本病。鸡舍经过清扫,环境中存在少量卵囊,甲醛、酒精等消毒药不能杀灭卵囊。球虫的特点是一次感染1万～2万个卵囊才发病、便血、死亡。雏鸡吃下少量孢子化卵囊,虽不发病,但球虫在鸡肠道内发育繁殖,4～7天后粪便中排出大量新一代的卵囊,传播给其他雏鸡。几周内卵囊急剧增殖,导致本病暴发。

盲肠球虫主要危害2月龄以内雏鸡,15～50日龄易暴发本病。如不及时治疗,死亡率可达80%以上。表现为急性型,病程数日。病原是柔嫩艾美耳球虫。初期病鸡精神不佳,羽毛耸立,头蜷缩,食欲减退,饮水增多。由于肠上皮细胞大量破坏,大量腐败物质蓄积在盲肠中,被机体吸收入血,导致机体内中毒。病鸡表现为足、翅软瘫,缩脖闭眼、呈假睡状,贫血,脱水,眼窝深陷,消瘦,鲜血便。末期昏迷、死亡。病愈鸡继发细菌性肠炎,长期消瘦,对肉鸡影响很大。

剖检可见盲肠高度肿大,肠壁出血,肠黏膜成片脱落。肠腔中充满大量血液或血凝块以及脱落的黏膜碎块,俗称"血灌肠"。随着病程延长,盲肠血凝块、内容物固化,形成栓子,俗称"盲肠芯",盲肠芯内含有大量卵囊。后期盲肠萎缩,内容物减少。

急性小肠球虫病由毒害艾美耳球虫引起,危害 8~18 周龄的鸡,表现为带黏液的血便,死亡率较高。剖检可见小肠中部高度肿胀,小肠长度缩短,肠黏膜增厚,有小出血点和灰白坏死灶。肠内容物含有血液。

慢性小肠球虫病多发于成鸡,症状不明显,病鸡消瘦,足、翅软瘫,产蛋量减少,间歇下痢,很少死亡。巨型艾美耳球虫危害小肠中段,表现为肠腔胀气。堆型艾美耳球虫导致十二指肠黏膜有白色斑块。

120. 如何防控鸡球虫病?

预防应首先加强卫生管理以减少环境中的卵囊数量。在23℃~28℃、潮湿气候下应注意预防。常见消毒药不能杀灭卵囊。高浓度氨水对卵囊有一定的杀灭效果。对笼具采用火焰喷枪烧、开水烫的方法杀灭卵囊。

其次是药物预防。供选择的药物有:氨丙啉、乙氧酰胺苯甲酯、磺胺喹噁啉,尼卡巴嗪(球净)、二硝托胺(球痢灵)、氯吡啶(氯羟吡啶、克球多、克球粉、可爱丹、康安乐)、氯苯胍、常山酮(苏丹、速丹)、地克珠利(杀球灵,氯嗪苯乙氰)、莫能霉素(牧宁霉素、欲可胖)、盐霉素(优素精)、沙利霉素、甲基盐霉素(那拉菌素、纳拉星)、马杜霉素(马杜拉霉素)、拉沙菌素(拉沙洛霉素)、赛杜霉素(山度拉霉素、森度拉霉素)、妥曲珠利(百球清)。

　　还可使用商品疫苗免疫预防。使用球虫苗应注意：①只有大型鸡场才能使用球虫苗。②目前大部分球虫苗只用于平养鸡。③使用球虫苗后影响增重。④疫苗只能 4℃保存，保质期半年。⑤饮水免疫时注意用随疫苗赠送的混悬剂，保证每只鸡摄入相同的量。⑥使垫料湿度达到 50％，促进卵囊孢子化。⑦使用后 21 天内不用抗球虫药物。

　　疫苗种类：国外产品有强毒活疫苗（Coccivac、Immucox，Immucox 有时会导致球虫病暴发，需治疗）及弱毒活疫苗（如 Paracox、Livacox）。国内为弱毒活疫苗，包括 DLV、Eimerivac 强效艾美耳牌鸡球虫苗、Eimerivacplus 联合艾美耳牌鸡球虫苗，均为弱毒活疫苗。

　　发生鸡球虫病时可用以下药物治疗：磺胺喹噁啉钠、氨丙啉（安保乐）、氯苯胍、妥曲珠利、地克珠利，用法见附表 2、附表 4。可配合中药治疗。以青蒿、常山为主，搭配清热解毒药、收敛药、止血药等。如柴胡、苦参、白茅根、乌梅、地榆炭等。药物治疗的同时配合卫生、消毒措施。

121. 如何合理使用抗球虫药？

　　药物都有各自对球虫的作用阶段：①聚醚类抗生素（莫能菌素、盐霉素、甲基盐霉素、马杜霉素、拉沙霉素、赛杜霉素）、氯吡啶、常山酮、地克珠利等作用于球虫的早期入侵阶段，是预防用药。②尼卡巴嗪、氯苯胍、氨丙啉等作用于球虫导致肠道损伤出血的阶段，比入侵阶段晚，既可用于预防，又可用于治疗。③磺胺药作用于肠道出血后，只能用于治疗。④妥曲珠利能作用于入侵、出血阶段，用药只需 2 天。

　　为了避免耐药性产生，应当如下用药：①轮换用药，即每批肉鸡使用不同化学结构的抗球虫药。②穿梭用药，即在一个生产周期不同阶段使用不同的药物。生长初期用效力中等的抑制性抗球虫药,如尼卡巴嗪、氨丙啉等,使雏鸡能带有少量球虫以产生免疫力;生长中后期用强效抗球虫药,如地克珠利、常山酮等。③联合用药。几种药物共同使用,降低单一药物的剂量。如聚醚类抗生素与磺胺共同使用,多用于治疗。④选择对球虫有较好的治疗效果的中药。

122. 如何防控鸡住白细胞原虫病?

鸡住白细胞原虫病(俗称白冠病)全世界都有发生,1980 年在我国广东广州首次出现,目前在南方、中原各省大面积流行。本病能引起全身皮肤、各器官出血,本病由吸血库蠓传播。

(1)发病原因 住白细胞原虫(简称住白虫)寄生于鸡的白细胞和红细胞内,当吸血库蠓叮咬病鸡后再叮咬健康鸡,能传播本病。本病感染初期(被叮咬 1~10 天内),虫体寄生于鸡血管上皮细胞内,导致血管破裂、全身出血、咯血(肺出血);被叮咬 10 天后,虫体寄生于心、肝、肾脏,导致肉眼可见的白色小结节;感染后期(被叮咬 20 天后),虫体进入白细胞和红细胞内,再由昆虫吸血传播。传播媒介库蠓长 1~3 毫米、灰黑色,俗称"小咬",早晨、黄昏最活跃,本病的流行季节是气温在 20℃以上。

(2)临床特征 3~6 周雏鸡发病率低,死亡率高。感染 12 天后,表现发热,食欲不振,羽毛松乱,伏地不动,腹泻,粪便呈鲜艳的黄绿色,咯血而死。中鸡和大鸡发病率高,死亡率不高。鸡冠苍白,消瘦,排水样的白色或绿色稀粪。

(3)病理变化 ①鸡冠苍白,有时有叮咬痕迹。②全身性出血。全身皮下、脂肪、肌肉尤其是胸肌、腿肌、心肌有大小不等的出血点。肝、脾肿大出血,肾出血、肺出血(咯血)。胰腺上有隆起的 1 毫米左右大的鲜红色出血点,俗称"血包",为本病特征性病变。肠黏膜、肠浆膜、输卵管上也有隆起的 1 毫米大的鲜红色出血点。③胸肌、腿肌、心肌及肝脾等器官上有针尖大小的白色结节。④小鸡卵巢、睾丸发育不良。蛋鸡卵泡出血。

(4)防控方法　消灭库蠓,鸡舍要装好纱窗,20℃以上天气,每隔3～5天,鸡舍内外用0.1％溴氰菊酯(敌杀死)或0.01％的氰戊菊酯(速灭杀丁)喷雾杀虫。

防治可使用下列药物:氯吡啶,预防量每吨饲料125～250克;治疗量每吨饲料250克。氯苯胍,预防量每吨饲料33克;治疗量每吨饲料66克。乙胺嘧啶(息疟定),每吨饲料1克,只能用于预防。磺胺喹噁啉,预防量每吨饲料50克,治疗量每吨饲料100克。同时使用维生素K_3对症治疗,用于止血。

123. 如何防控鸡蛔虫病?

本病呈世界分布,全国各地常见。本病具有传染性,能引起雏鸡消瘦、营养不良、发育迟缓。笼养鸡很少患蛔虫病。

(1)发病原因　鸡蛔虫寄生于鸡、鸽小肠内。成熟虫体排出虫卵,虫卵随鸡粪便排出体外,在有氧气、30℃条件下,发育成含幼虫的感染性虫卵。健康鸡啄食感染性虫卵或带感染性虫卵的蚯蚓后,虫卵内的幼虫在小肠孵出,经40天发育为成熟虫体。

(2)临床特征　3～5月龄鸡最易感,1年以上鸡感染无症状。雏鸡表现发育不良,行动迟缓,翅膀下垂,贫血,食欲减退,腹泻和便秘交替。剖检可见小肠内有虫体。成熟虫体长3～10厘米,白色,铅笔芯粗细。成熟虫体富有弹性,剖检小肠时会弹出。

(3)防控措施　预防可将雏鸡、童鸡与成鸡分群饲养。及时清粪,并将粪便堆肥发酵;采用笼养或网上饲养。

可用下列药物防治:潮霉素B,用于预防,预混剂每吨饲料加8～12克,连用8周,休药期3天。芬苯哒唑,用于治疗,每千克体重10～50毫克,一次口服。

124. 如何防控鸡绦虫病？

本病呈世界分布，全国各地常见。本病能引起雏鸡消瘦、营养不良、发育迟缓，蛋鸡产蛋量下降。

(1)发病原因 鸡绦虫寄生于鸡小肠内。虫体后端的节片容易脱落，节片(含大量虫卵)随鸡粪便排出体外。节片崩解破碎、虫卵散出，被昆虫如蚂蚁、家蝇、金龟子、步行虫等吃下后，在昆虫体内发育为幼虫。鸡吃下含绦虫幼虫的昆虫后，20日小肠中出现成虫。笼养鸡很容易接触到昆虫，从而染病。

(2)临床特征 25～40日龄雏鸡感染易死亡。成鸡感染后症状不明显，母鸡产蛋率降低。病雏鸡羽毛蓬乱，不喜活动，贫血，发育受阻。粪便中排出含虫卵的绦虫节片，眼观粪便中混有白色"芝麻"或"面条"状绦虫节片。

剖检时绦虫易断裂，通常只见2厘米左右极细的前端吸附于小肠黏膜上。棘盘赖利绦虫最长达25厘米，宽1～4毫米，虫体菲薄。四角赖利绦虫形似棘盘赖利绦虫。有轮赖利绦虫肥厚，最长达13厘米。

(3)防控措施 治疗可用下列药物：芬苯哒唑，每千克体重10～50毫克，一次口服。氟苯咪唑预混剂，每吨饲料加30克，连用4～7天，休药期14天。

注意及时清粪，驱虫后1～3天的粪便集中处理。防止鸡吃下昆虫。

125. 如何防控鸡刺皮螨？

鸡刺皮螨、鸡羽虱病全国各地都有发生，通过接触传播，导致动物瘙痒、不安、生产性能下降。

鸡刺皮螨俗称红螨、鸡螨。夜间爬到鸡体上吸血，白天隐匿在鸡巢中或栖架上。吸饱血后虫体增大为 1.5 毫米,暗红色。雌虫产卵于鸡舍地面。整个发育约需 7 天。

大量寄生时,病鸡贫血,产蛋量下降。幼鸡生长受阻,甚至死亡。

用 2.5%溴氰菊酯 200 倍稀释液或 20%杀灭菊酯 400 倍稀释液喷洒鸡体表,能直接杀灭虫体,对虫卵无效;7 天后再重复用一次药,杀灭刚从虫卵中孵出来的幼虫,才能根治。鸡舍、笼具用杀灭菊酯喷洒或涂刷,铁器可用喷灯灼烧。

126. 如何防控鸡羽虱?

羽虱终生寄生,以啮食羽毛及皮屑为生。体长 0.5～1.0 毫米。在鸡背臀部绒毛上、翅下都有寄生。虱卵黏附于羽毛根部,生活史为 28 天左右。

羽虱不吸血,可引起痒感,导致鸡不安、啄食寄生处,出现羽毛脱落,食欲减退,生产力降低。检查毛根和羽毛,可见灰黑色的虫体,大小不一。

秋冬两季,羽虱最多,是防治的最佳时期。外用药可用除虫菊酯类药物如溴氰菊酯等,避免使用毒性较强药物(经肛门皮肤黏膜吸收后,对鸡有损伤)。药物能直接杀灭虫体,对虫卵无效;10 天后再重复用一次药,杀灭刚从虫卵中孵出来的幼虱。本病较顽固,多次用药才能根治。

第六章　普通病的防控

127. 痛风的发病原因是什么？

痛风是由于尿酸形成过多或排泄障碍,使尿酸盐沉积于内脏器官或关节腔内所引起的一种代谢性疾病。其发病原因如下：

(1)营养性因素

①核蛋白和嘌呤碱饲料过多　豆饼、鱼粉、骨肉粉、动物内脏等含核蛋白和嘌呤碱较高。核蛋白是动植物细胞核的主要成分,是由蛋白质与核酸组成的一种结合蛋白。核蛋白水解时产生蛋白质及核酸,而核酸进一步分解形成黄嘌呤,最后以尿酸的形式排出体外。若日粮中核蛋白及含嘌呤碱类饲料过多,核酸分解产生的尿酸超出机体的排出能力,大量的尿酸盐就会沉积在内脏或关节中,形成痛风。

②可溶性钙盐含量过高　贝壳粉及石粉中其主要成分为可溶性碳酸钙,若日粮中贝壳粉或石粉过多,超出机体的吸收及排泄能力,大量的钙盐会从血液中析出,沉积在内脏或关节中,而形成钙盐性痛风。

③维生素A缺乏　维生素A具有维持上皮细胞完整性的功能。若维生素A缺乏,会使肾小管上皮细胞的完整性受到破坏,造成肾小管的吸收排泄障碍,导致尿酸盐沉积而引起痛风。

④饮水不足　炎热季节或长途运输,若饮水不足,或因疾病饮水减少、过度腹泻,会造成机体脱水,机体的代谢产物不能及时排出体外,而造成尿酸盐沉积,诱发痛风。

(2)中毒因素　许多药物对肾脏有损害作用,如磺胺类和氨基糖苷类抗菌药通过肾脏时,对肾脏有潜在性的中毒作用。若药物应用时间过长、量过大,就会造成肾脏的损伤。尤其是磺胺类药物,在碱性条件下溶解度大,而在酸性条件下易结晶析出。如果长期大剂量应用磺胺类药物而又不配合碳酸氢钠等碱性药物使用,会使磺胺类药物结晶析出,沉积在肾脏及输尿管中,造成排泄障碍,而使尿酸盐沉积在体内形成痛风。霉菌和植物毒素污染的饲料亦可引起中毒,如桔霉素、赭曲霉素和卵孢霉素都具有肾毒性,并引起肾功能的改变,诱发痛风。

(3)传染性因素　已知与痛风有关的病毒主要有肾型传染性支气管炎病毒、传染性法氏囊病病毒、禽流感病毒、禽肾炎病毒及其他相关病毒。这些病毒感染除直接导致肾脏损伤外,还因大量组织细胞坏死,产生过多的尿酸盐,发生痛风。

128. 痛风有何临床特征? 如何防控?

(1)临床症状　病鸡食欲不振,精神较差,贫血,鸡冠苍白,脱毛,羽毛无光泽,爪失水干瘪,排白色石灰渣样粪便,病鸡呼吸困难。关节痛风时,可见跗关节肿大,运动困难。

(2)病理变化　内脏痛风时表现为病鸡的心脏、肝脏、肠道、肠系膜、腹膜的表面有大量石灰渣样尿酸盐沉积,严重者肝脏与胸壁粘连。肾脏肿大,有大量尿酸盐沉积,红白相间,呈花斑状。两条输尿管肿胀,输尿管中有大量白色的尿酸盐沉积,严重者形成尿结石,呈圆柱状,肾脏中的尿结石呈珊瑚状。关节痛风时,在关节周围及关节腔中,有白色的尿酸盐沉积,关节周围的组织由于尿酸盐沉着而呈白色。

(3)预防　①预防和控制本病的发生,必须坚持科学的饲养管理制度,根据鸡不同日龄的营养需要,合理配制日粮,控制高蛋白、高钙日粮。15周龄前的后备母鸡日粮中含钙量不应超过1%。大鸡16周龄至产蛋率为5%的鸡群,使用预产期日粮,其含钙量以控制在 2.25%~2.5% 为宜,高钙日粮可引起严重的肾脏损害。②过多使用碳酸氢钠能使尿液呈强碱性,此为结石(主要成分为钙-钠尿酸盐晶体)的形成创造了条件,因此在改善蛋壳质量或其他用途时,拌料一般不超过 2%,应用时间不可过长。患痛风的病鸡应禁止使用碳酸氢钠治疗或喂强碱性的饲料。③饲养过程中定期检测饲料中钙、磷及蛋白的含量,抽样检测饲料中霉菌毒素的含量。④适当增加运动,供给充足的饮水及含丰富维生素 A 的饲料,合理使用磺胺类及其他药物。

(4)治疗 ①找出发病原因,消除致病因素。②减少喂料量。比平时减少 20%,连续 5 天,并同时补充青绿饲料,多饮水,以促进尿酸盐的排出。③使尿液酸化,以溶解肾结石,保护肾功能。研究表明,日粮中含氯化铵、硫酸铵、DL-蛋氨酸、2-羟-4-甲基丁酸都能使尿液酸化,减少由钙诱发的肾损伤。日粮中添加氯化铵的量不超过 10 千克/吨饲料,硫酸铵不超过 5 千克/吨饲料,DL-蛋氨酸不超过 6 千克/吨饲料,可减少死亡率。也可在饮水中加入乌洛托品或乙酰水杨酸钠进行治疗。

129. 如何防控肉鸡猝死综合征?

肉鸡猝死综合征,又称暴死症或急性死亡综合征。以肌肉丰满、外观健康的肉鸡突然死亡为特征。该病广泛存在于世界上许多国家和地区,如英国、日本、加拿大、澳大利亚等均有报道,死亡率为 0.5%~5%,最高达 15%。由于饲养水平的不断提高,此病近年来对肉鸡业的危害日益严重。

(1)发病原因 关于猝死综合征的发病原因目前不十分清楚,由于本病主要发生于饲养管理好、生长速度快、饲料报酬高的鸡群。现在一般认为肉鸡猝死综合征是一种代谢病,因此研究的重点均与营养、环境等因素有关。肉鸡生长速度过快,鸡舍通风不良,应激因素过多,连续光照,是猝死综合征发病的主要原因。

(2)临床症状　本病主要发生于饲养管理好、生长速度快、饲料报酬高的鸡群。患鸡死前无任何异常,其特征性症状是行为正常的鸡突然出现平衡失调、猛烈扑动翅膀和强烈肌肉收缩,症状持续约 1 分钟即死亡。在发作时多数病鸡发出粗厉的叫声或凄泣的鸣叫并扑打背部。死后多以背部着地,少数以体侧面着地。无论死时体姿如何,颈和脚爪都呈伸展状态。死亡鸡多是同群鸡中生长速度较快、体重较大的。

(3)剖检病变　患鸡腹部饱满,嗉囊中含有饲料,胃肠道中充满食物,十二指肠内容物常呈奶样外观。胸肌呈粉红色或表现苍白。肺脏弥漫性充血,淤血,水肿,气管内有泡沫状渗出物。肝脏增大、苍白、易碎,有的鸡肝被膜下出血或肝脏破裂,胆囊空虚。肾脏变白。心脏稍扩张,心房充满血凝块,心室紧缩无血,由于心室收缩常使心脏呈长形豌豆状。

(4)防控措施　由于肉鸡猝死综合征病因复杂,因此必须采取综合性防治措施,才能有效地控制其发生。肉鸡猝死综合征属急性发作性疾病,目前尚无较理想的治疗方法,用 0.62 克/只碳酸氢钾饮水能明显降低发病鸡群的死亡率。在饲料中掺入碳酸氢钾3.6 千克/吨饲料进行治疗,能使死亡率显著降低。在饲养管理上,采取良好的管理措施,实施光照强度低的渐增光照程序。使用以玉米和植物油为能量源的平衡日粮。限制饲养,降低肉鸡的生长速度。

130. 肉鸡腹水综合征的发病原因是什么?

肉鸡腹水综合征是以明显的腹水、右心扩张、肺充血、水肿以及肝脏的病变为特征的一种非传染性疾病。其发病原因如下:

(1)遗传因素　肉仔鸡在出壳后的头 3 周心内阻力和肺内血压比蛋鸡高 40% 以上。此外,起携氧和运送营养作用的红细胞,肉鸡比蛋鸡明显大,尤其是 4 周龄内的快速生长期,这样红细胞不能在肺毛细血管内通畅流动,影响肺部的血液灌注,导致肺动脉高血压及右心衰竭,进而引起腹水综合征。

(2)营养因素 颗粒饲料或高能日粮能促使肉鸡腹水综合征的发生。其原因可能是增加了采食量,提高了生长速度,对氧的需要增加,因而促使鸡发生腹水症。

(3)肠道中氨的影响 肠道中存在大量的氨则可增加黏膜壁中的核酸产量,从而使肠壁增厚。黏膜壁增厚会增大对肠壁内毛细血管的压力,从而限制了正常的血流供应。进而加剧了肠道的高血压,血管充血,导致血管中液体渗出而形成腹水。

(4)环境因素 本病的发生与卫生条件有一定关系。鸡舍低矮、潮湿、通风不畅、保温性能差,特别在冬春季节饲养肉仔鸡,为了达到舍温适宜之目的,常关闭门窗,如果管理措施不善,通风不良,容易使舍内空气中二氧化碳、氨气等有害气体浓度增高,氧气减少,长期下去舍内慢性缺氧。肉仔鸡在这种环境下生长,机体代谢增高,耗氧量加大,致使鸡肺部毛细血管增厚、狭窄,引起肺动脉压升高,出现右心室扩张、肥大、衰竭,造成心肺功能失调而发生腹水。饲养在高海拔地区的肉鸡,由于空气稀薄 也会发生慢性缺氧,而导致腹水的发生。

(5)疾病因素 肉鸡患传染性支气管炎、慢性呼吸道病、气囊炎型大肠杆菌病等疾病时,由于呼吸困难,会造成机体慢性缺氧,导致心力衰竭而发生腹水。硒、维生素E缺乏,莫能菌素、霉菌毒素、食盐引起的等中毒,以及其他引起肺脏、肝脏慢性炎症的疾病,均可不同程度地发生腹水和心包积水。此外,应激因素也可导致腹水的发生。

(6)孵化因素 孵化期的缺氧会导致腹水综合征。低通透性蛋壳中孵出的鸡即使饲养在最佳环境条件下,其腹水症的发生率仍高于正常蛋壳孵出的鸡。

131. 肉鸡腹水综合征有何临床特征?

(1)临床症状 本病可表现为突然死亡,但通常病鸡小于正常鸡,而且羽毛蓬乱和倦呆,病鸡不愿活动,呼吸困难和发绀。肉眼可见的最明显的临床症状是病鸡腹部膨大,呈水袋状,触压有波动感,腹部皮肤变薄发亮。严重者皮肤淤血发红,有的病鸡站立困难,以腹部着地呈企鹅状,行动迟缓,呈鸭步样。腹腔穿刺流出透明清亮的淡黄色液体。

(2)病理变化 本病的特征性变化是腹腔中积有大量清亮而透明的液体,呈淡黄色,部分病鸡的腹腔中常有淡黄色的纤维蛋白凝块。肝脏充血肿大,严重者皱缩,肝脏变厚、变硬,表面凹凸不平。肝被膜上常覆盖一层灰白色或淡黄色纤维素性渗出物。肺脏淤血水肿,副支气管充血。心脏体积增大,心包有积液,右心室扩张、柔软,心肌变薄,肌纤维苍白。肠管变细,肠黏膜呈弥漫性淤血。肾脏肿大、充血,呈紫红色。

132. 如何防控肉鸡腹水综合征?

肉鸡腹水综合征不是单一因子所致,而是多种因子共同作用的结果。所以,对其应采取综合性防控措施:

(1)抑制肠道中氨的水平 抑制肠道中氨的水平可减少腹水症的发生和死亡。给肉鸡饲喂尿素酶抑制剂,既可抑制小肠和大肠中的尿素酶活性,又可降低小肠和大肠内的氨含量,从而降低门脉排血器官的黏膜组织周转率和耗氧量,这样就有较多的氧供机体利用,消除了造成腹水症及其死亡的原动力。

(2)添加碳酸氢钠 日粮中添加1%碳酸氢钠,可降低肉鸡腹水症的发病率。

(3)早期限饲 由于该病发生的日龄越来越早,采取早期限饲可有效地减少腹水症的发生及死亡。

(4)改善饲养环境 在高密度饲养肉仔鸡生产中,舍内空气中的氨气、灰尘和二氧化碳的含量是诱发腹水症的重要原因。所以应调整饲养密度,改善通风条件,减少舍内有害气体及灰尘的含量,以便有充足的氧气。一般条件下定时打开门窗通风,且应注意前后门窗同时打开,以便对流换气。如天气太冷,可选择在中午气温高时通风,有条件的可采用暖风炉正压通风。在日常管理中,保持地面干燥以减少氨气的生成,采用刨花垫料或网上平养,以避免大量灰尘的产生,若舍内粉尘过多,可定期实施人工喷雾。加强饲养管理,减少慢性呼吸道病、大肠杆菌病等肺部感染性疾病。增加饲料中维生素 C 的含量,补充 K^+ 以维持体内电解质平衡,合理搭配饲料,增加利尿药物等,均可减少本病的发生。

(5)孵化补氧 孵化缺氧是导致腹水症的重要因素,所以在孵化的后期,向孵化器内补充氧气能产生有益的作用。

(6)减少应激反应 肉鸡生长需要一个较安静、空气新鲜的生活环境,减少或避免不良因素对鸡群的刺激是预防肉鸡腹水症的基础措施。如更换垫料、带鸡消毒、高热寒冷、噪声惊吓、异味刺激等,都会因此而使鸡产生不同程度的应激反应,从而影响免疫力或降低食欲。因此,选择在夜间低光照下进行带鸡消毒、更换垫料等,是减轻应激反应的有效方法。在饲料中添加 50 毫克/千克饲料的多种维生素和复方维生素 E 等,以缓解或预防应激反应,增强机体抵抗力,降低腹水症的发生。

133. 脂肪肝综合征的发病原因是什么?

脂肪肝综合征是发生于产蛋禽和肉用仔禽的一种脂类代谢障碍性疾病。该病以产蛋鸡多发,导致产蛋量急剧下降,患病鸡多由于肝脏质脆易碎,易发生破裂,发生内出血故又称为脂肪肝-出血综合征。该病也发生于 10～30 日龄肉仔鸡。

脂肪肝综合征的发生主要受遗传、营养、应激等因素的影响。

(1)遗传 从品系看,某些品系的鸡容易发生脂肪肝综合征。一般来讲肉用种鸡比蛋用品种具有更高的发病率,高产蛋鸡雌激素活性高,而雌激素可刺激肝脏中的脂肪合成,也易发本病。

(2)营养 ①饲料能量过高,尤其是添加劣质油脂(如地沟油、油渣作的磷质),添加过多杂粮,日粮氨基酸含量不足、低蛋白,易发生脂肪肝综合征。②日粮中维生素 C、维生素 E、B 族维生素、微量元素含量不足,易发生脂肪肝综合征。③日粮原料与日粮类型。以小麦等谷物为基础的日粮比玉米为基础的日粮饲喂鸡,要少发生脂肪肝综合征。日粮中含钙量低,导致产蛋量下降,而鸡仍然保持正常采食量,相对多的营养成分转化为脂肪贮存于肝脏,最终引起脂肪肝。日粮类型也会影响脂肪肝的发生,饲喂颗粒料的鸡发病率相对较高。

(3)应激 特别是当饲料中可利用生物素含量处于临界水平时,突然中断饲料供给或因捕捉、惊吓、噪声等可促进脂肪肝综合征发生。尤其是热应激,加重代谢温度,进而很快发生代谢失调,应激释放的外源性皮质类酮和其他一些糖皮质类固醇,可促进机体葡萄糖异生和加强脂肪的合成,使体内脂肪沉积加快。据 Blair 报道,高温季节,鸡体内的温度较正常高 2℃~3℃后,患该病的鸡死亡提高 20%。病鸡肥胖,高温天气新陈代谢旺盛,血管充分膨胀,导致肝脏破裂出血并引起大量死亡。

(4)饲养方式 研究证明,笼养鸡要比平养鸡易发病。

(5)饲料中有毒物质 日粮中含有黄曲霉毒素是主要病因之一,可导致非常强烈的损害。油菜副产品产生的芥子酸,也能引起肝脏脂肪变性,有时伴有肝脏出血。

(6)激素水平 产蛋鸡在脂肪肝形成过程中,血清中雌二醇含量明显增加。雌激素分泌过多会导致脂肪的生成,失去反馈机制的调节。甲状腺素也可能影响肝脂肪的沉积。

(7)其他因素 包括抗生素的使用、疾病的发生等。日粮中添加抗生素能使发病率增加,疾病使鸡易受到应激而可能导致本病的发生。

134. 脂肪肝综合征有何临床特征? 如何防控?

(1)临床症状 发病鸡主要表现为鸡肥胖,超出正常体重的20%～30%。蛋鸡和肉用种鸡生产性能下降,产蛋率由80%逐渐降到50%,或根本达不到产蛋高峰。肉用仔鸡嗜睡、麻痹和突然死亡,多发生于生长良好,10～30 日龄仔鸡,病死率一般在6%,有时可达30%。有些病例呈现生物素缺乏症的表现,喙周围皮炎,足趾干裂,羽毛生长不良。急性死亡时,鸡的头部、冠、肉髯和肌肉苍白。

(2)剖检病变 体腔内有大量血凝块,并部分地包着肝脏,肝脏明显肿大,色泽变黄,质脆弱易碎,有油腻感,仔细检查会发现肝表面有条状破裂区域和小的出血点,说明腹腔中的血凝块来自肝脏。腹腔内、内脏周围、肠系膜上有大量的脂肪。死亡鸡处于产蛋高峰状态,输卵管中常有正在发育的蛋。

(3)防控措施

①科学配制日粮 摄入过高的能量饲料是导致脂肪过度沉积造成脂肪肝的主要原因。因此日粮应根据不同的品种、产蛋率科学配制,使能量摄入和生产性能比控制在合理的范围内。

②添加适量的嗜脂因子 在饲料中添加适宜胆碱、肌醇、蛋氨酸、维生素 E、维生素 B_{12} 及亚硒酸钠等嗜脂因子,能防止脂肪在肝脏内沉积。

③适时控制体重 国外有报道建议,应注视蛋用鸡育成期的日增重,在 8 周龄时应严格控制体重,不可过肥,否则超过 8 周龄后难于再控制。

④加强饲养管理 提供适宜的生活环境,减少鸡的应激。给

鸡群饲喂全价日粮。

135. 啄癖的发病原因是什么？

啄癖是鸡的一种行为异常病,属于"恶习"。常见的啄癖现象包括啄肛、啄羽、啄头、啄趾、啄尾等。其发病与以下几方面因素有关:

(1)生理及品种　鸡体生理上的变化时期(换羽、性成熟)易引发啄癖。啄癖和品种有一定的关系,如斗鸡的啄斗行为就是比一般的鸡强烈一些,神经质的来航鸡比中型蛋鸡啄肛相对严重。

(2)饲　料

①蛋白质不足或质量差　添加过量的皮革粉或血粉虽然粗蛋白含量符合标准,但是鸡不能消化吸收。

②某种氨基酸缺乏或氨基酸不平衡　由于新羽发生需要大量含硫氨基酸等营养物质,若日粮中含硫氨基酸如胱氨酸、蛋氨酸缺乏会引起啄羽。饲料中蛋氨酸缺乏是容易出现的现象,如农大3号节粮小型蛋鸡要求产蛋高峰期日粮蛋氨酸达到0.43%,若添加不足,不仅出现啄肛,还会造成产蛋率降低。

③维生素缺乏　维生素 B_{12} 影响叶酸、泛酸、胆碱、蛋氨酸的代谢,缺乏时会影响雏鸡的生长发育,使其生长减慢,羽毛生长不良,引起啄羽或自食羽毛。生物素参与氨基酸代谢与神经营养过程,不足时会影响内分泌腺的正常工作,引起脚部皮炎,头部、眼睑、嘴角表皮角质化,诱发啄癖的发生。泛酸缺乏时引起羽毛差、口角眼睑皮炎、脚掌痛;烟酸缺乏也能引起皮炎与趾骨短粗,往往也诱发啄癖。维生素D影响钙磷的吸收,缺乏时也会引起鸡的脱肛。

④矿物质元素不足或不平衡　锌、铜、硒、铁、钙、钠缺乏,或钙、磷比例失调,使鸡采食量减少,饲料消化利用率降低,引起鸡啄蛋、啄肛、啄羽和食血等恶食癖。

⑤能量高但粗纤维含量低　鸡对粗纤维的消化能力很低,尤

其是雏鸡过多的粗纤维会造成消化不良,但粗纤维缺乏时肠蠕动不充分,又容易引起啄肛现象。一般认为日粮中粗纤维含量在2.5%~5%为宜。

⑥缺乏颗粒状物质　饲料粒度过小或缺乏沙粒,容易引发啄癖。

(3)饲养管理　①饲养密度过大。②温度过高、湿度过大和通风不良。③采食与饮水槽位不足和随意改变饲喂方式。④光照时间过长、光照强度过大。光照过强会强烈刺激鸡的兴奋性,对产蛋鸡可引起性成熟早于体成熟,早产引起肛门紧缩,导致微血管破裂出血,易造成脱肛,引起啄肛。

(4)体重　鸡体重或体型不达标,在夏季由于受长光照的影响会提前开产,很容易造成泄殖腔的出血,引发啄癖。过肥的鸡也容易出现产蛋难的现象,引起啄癖。

(5)疾病　外伤、体外寄生虫、泄殖腔发炎或脱出、一些可导致腹泻的疾病也会诱发啄癖。

136. 啄癖有何发病特点及临床特征?

(1)啄肛癖　多发生在高产蛋鸡,由于腹部韧带和肛门括约肌松弛,产蛋后泄殖腔不能及时收缩回去而留露在外,造成互相啄肛。一般发生在三个时期,一是雏鸡阶段,也就是雏鸡 7 日龄以后容易出现啄肛行为,饲喂高蛋白饲料或白痢造成有些小鸡肛门处粘有粪便,引起其他小鸡的好奇,从而引起啄肛,一旦有的小鸡被啄出血,就会引发大面积的啄肛行为,必须立即采取断喙措施阻止这种行为的蔓延。二是产蛋初期,有些鸡的体重不达标,造成产道狭窄,产第一枚鸡蛋时往往带血,容易引发啄肛行为。三是鸡群生病重新恢复产蛋后,这时一些鸡停产后的输卵管弹性下降,重新产蛋容易脱肛,从而引发啄肛。

(2)啄羽癖　幼鸡在开始生长新羽毛或换小毛时易出现,产蛋鸡在盛产期或换羽期也可发生。

(3)啄趾癖 大多是幼鸡喜欢互啄食脚趾,引起出血或跛行症状。

(4)啄蛋癖 多见于鸡产蛋旺盛的春季,多由于饲料中缺钙和蛋白质不足。异食癖家禽有明显可见的症状,较易诊断。

137. 如何防控啄癖?

(1)正确断喙 国内外大量实践证明,断喙是防止鸡群发生啄食癖最经济、最有效的方法,尤其是对雏鸡。断喙质量很重要,若断喙不标准,如断得过轻,则很快长出新喙尖,鸡群仍然会出现啄癖;断得过长,则会影响鸡的采食和生长。若有漏断的鸡存在,则给鸡群留下了啄癖的隐患。

(2)合理光照 光照强度以鸡可以正常采食为原则,光照时间除进鸡或转群后1~2天可以23小时之外,一般不超过16.5小时。散养鸡的产蛋箱除准备充足外,还要安置在光线较暗、通风良好的地方,以防产蛋鸡因肛门努责而被啄肛。

(3)饲料营养全价平衡 饲料中应含有足够的优质蛋白,尤其要含有一定数量的含硫氨基酸,能量蛋白比适合,矿物质和各种维生素的含量要满足需要,经常饲喂一些颗粒状的沙粒,可以有效减少啄癖的发生。因饲料引起的啄肛在查清原因后,分别采取相应措施,如往饲料中添加1%~2%石膏粉3~5天;或补充含硫氨基酸(蛋氨酸);或在饲料中添加水解羽毛粉,水解羽毛粉蛋白质含量80%以上,经过水解后容易被吸收,且含有丰富的含硫氨基酸,可以有效缓解或克服啄癖,添加量一般为3%~5%。在饲料中增加0.2%食盐2~3天。啄肛严重时,应用啄肛灵2.7%拌饲料,连喂7天为1个疗程,隔1天后进行下一个疗程,连喂3个疗程即可收效。

(4)饲养密度适宜 无论采用哪种饲养方式,都必须保证每只鸡有足够的采食、饮水和活动空间,适宜的饲养密度与饲养方式可有效避免啄癖的发生。

(5)加强疾病控制和患病鸡恢复期管理 通过净化和预防,有效控制肠道疾病的发生。鸡群患病后要把弱小的鸡挑出来,单独饲养,同时饲喂一些防治输卵管炎和泄殖腔炎的药物。

(6)定期驱虫 驱虫的目的是减少体内外寄生虫,避免寄生虫引起的啄癖,可以使用依维菌素进行驱虫。

(7)加强饲养管理 转群、免疫等对鸡群应激大的活动尽量安排在晚上。随时将被啄伤的鸡挑出来。如有饲养价值可在啄处涂些龙胆紫、碘酊、灰粉末或鱼石脂等颜色暗并带有特殊气味的药物,然后隔离饲养。此外,随时将有啄癖的鸡挑出,及时处理。采用密闭舍养鸡可降低啄癖的发生率。

138. 如何防控鸡胸囊肿病?

鸡胸囊肿病是鸡的胸部皮下炎性水肿,是肉鸡最常见的一种疾病。它直接影响肉鸡生长速度和商品等级,可造成较大的经济损失。

(1)发病原因 ①某些品种或品系的鸡羽毛生长不良、覆盖不全。②肉用仔鸡早期生长快、体重大,胸部在羽毛未长满之前与结块或潮湿的垫料频繁接触。③笼养鸡的胸部与金属或硬质底网长期摩擦,笼底坡度过大。④饲料营养不足和管理不良引起软骨症等疾病。

(2)临床特征 胸骨与皮肤之间出现7~8厘米大小的囊肿,其中充满淡棕色的液体,手压有波动感,以后逐渐变成豆腐渣样物;严重者胸部皮肤形成溃疡块,胸骨弯曲变形。

(3)防控措施 ①选择羽毛生长早、覆盖严密、龙骨较平直的鸡种饲养。②加强垫料的选择与管理。选择质地柔软、干燥、吸湿性强、不易板结的材料作垫料。垫料要铺垫平整且保持足够的厚度,清除其中的木扦、土块、石块及其他尖利的杂物。定期翻晒和抖松垫料,清除结块,及时更换潮湿发霉的垫料。③搞好鸡舍通风,保持适宜的温度,尤其要注意控制舍内空气的湿度。④确定适宜的饲养密度。3周龄以前的肉仔鸡以25只/米²,之后以16～21只/米²为宜。⑤减少肉仔鸡伏卧的时间,增加其活动量。可采取增加饲喂次数、减少每次喂量的方法,或每隔一定的时间进行人工驱赶,促使鸡站立活动。⑥采取笼养或网上平养时,加一层弹性塑料网底。⑦改善日粮的营养水平。提供足够的矿物质和维生素,保证日粮中钙、磷、锌、锰、维生素D和B族维生素的平衡供应。⑧药物治疗。用注射器抽出囊肿液,并向该部位注入泼尼松5毫克,2～3天后即可痊愈。

139. 如何防控鸡腿病?

能引起鸡腿病的原因很多,除某些传染性疾病外,其他如营养、饲养管理、环境和遗传等诸因素也可引发腿病。

(1)传染性疾病引起的腿病

①马立克氏病　多发于3～4月龄的鸡,由于病毒侵害坐骨神经丛,常引起一肢或两肢发生不全麻痹或麻痹,最常见的特殊性姿势是一腿伸向前而另一腿伸向后的"大劈叉"姿势。剖检时可见腹腔神经丛、坐骨神经丛、臂神经丛和内脏大神经比正常粗2～3倍,呈灰白色或黄白色,水肿,横纹消失。

②新城疫　主要见于非典型鸡新城疫,病鸡呈精神委顿,步态不稳,一肢或两肢跛行或麻痹。有呼吸道症状及消化道症状,剖检有肠道淋巴滤泡处肿胀等典型病变。

③禽脑脊髓炎　主要感染2～3周龄雏鸡,以出现运动失调和震颤为其主要特征。病鸡步态异常,严重时两肢瘫痪,躺卧不起,两肢向一侧伸展,直到死亡。

④传染性滑膜炎　4～12周龄鸡最易感染。病鸡常关节肿

大,跛行,喜卧不起。病变多发于跗关节和趾踵部(脚垫)。跗关节红肿、变大、变形,行走呈"八字步",甚至不能行走。切开跗关节、翼和脚垫肿胀部时,腱鞘滑液囊内可见黄色奶油样渗出物。

⑤病毒性关节炎 主要发生于4~7周龄的肉鸡。病鸡跛行,患肢不能伸张,不敢负重。检查时可见跗关节肿胀,关节上方触之有波动感,切开后有少量黄色浆液性渗出物。

⑥葡萄球菌病 是一种多病型传染病,多因外伤而感染。病鸡关节肿大,有热痛感,跛行,不能站立,喜伏卧。切开肿胀部,可见滑膜增厚,关节腔内有浆液乃至干酪样渗出物。严重病例,关节炎症可从邻近的骨骺部扩展引起骨髓炎,股骨头部肿大,疏松脆弱,极易发生骨折。

⑦禽霍乱 慢性型病鸡,当病原菌侵入关节时,可引起关节肿胀和化脓,因而出现跛行。临诊常能看到有的病鸡鸡冠和肉髯肿胀。

(2)营养因素引起的腿病

①矿物元素缺乏 当饲料中缺乏锰、锌、钙、磷、铜、氯等无机矿物元素时,常可引起胫骨短粗症、佝偻病及胫骨软骨发育不良等病。鸡对钙、磷需要量最多,也易发生钙、磷缺乏症,当缺乏钙、磷或虽有足够的钙、磷供给但两者比例不当,或维生素D缺乏时,鸡会患软骨症、骨质疏松症、脚麻痹、站立困难等腿病。笼养产蛋鸡缺磷易患疲劳症。

②维生素缺乏 日粮中缺乏胆碱、叶酸、泛酸、烟酸、生物素等任何一种维生素时,就可引起雏鸡的骨粗短症。生产中常遇到维生素 B_2 和维生素 E 缺乏。维生素 B_2 缺乏时,病鸡趾爪向内蜷缩,以跗关节着地,行走困难,腿部肌肉萎缩并松弛,皮肤干而粗糙。后期病雏不能运动,只是伸腿卧地。剖检时可见坐骨神经和臂神经明显肿胀和松弛,坐骨神经可超正常4~5倍之多。维生素 E 缺乏时,产蛋种鸡所产的种蛋孵化率明显降低,胚胎常在孵化的

第四天或更晚时间内死亡,孵出的雏鸡发病后,因为发生脑软化,常表现共济失调,头向下或向后挛缩,双腿发生痉挛性抽搐,行走不便,最后不能站立。

③蛋白质或赖氨酸含量不当 当禽体缺乏赖氨酸时,既可引起雏禽体生长停滞、消瘦,又可使骨的钙化失常。使用蛋白质含量很高的饲料时,鸡常因蛋白质代谢发生障碍,尿酸盐大量沉积于关节,形成关节痛风症。病鸡脚趾和腿部关节肿胀,两腿运动乏力,剖检可见关节表面及周围组织中有白色尿酸盐沉着。

综上所述,鸡腿病病因十分复杂,与多种因素有关。因此,在诊断鸡腿病时,不可轻易下结论,而应当对鸡群的饲养管理、环境条件、营养水平、品种遗传因素等予以全面细致的考虑,然后对传染病、非传染性疾病进行检查,对腿病的症状和病变,对全身各脏器、组织进行检查,必要时应进行病原学、血清学和病理组织学检查。在确定病因后采取相应措施:搞好有运动障碍的病毒性传染病的免疫预防工作;对细菌引起的关节炎用甲磺酸达氟沙星等易吸收的敏感药物治疗;对营养缺乏症采取缺什么补什么的策略;改善饲养环境,加强饲养管理。

140. 如何防控鸡腹泻?

鸡腹泻是鸡最常见的病症之一,有的属消化道疾病,有的属全身性疾病的局部表现,有的属生理现象或应激反应。

(1)发病原因

①细菌性腹泻 可引起腹泻的致病菌有巴氏杆菌、鸡白痢沙门氏菌、伤寒沙门氏菌、副伤寒沙门氏菌、链球菌、大肠杆菌、李氏杆菌等。病鸡的主要症状是排黄色、白色、灰白色、淡绿或黄绿色稀粪便并污沾肛门周围的绒毛,多发生于育雏鸡,死亡率高,一般用抗生素和磺胺类药物治疗有效。

②病毒性腹泻 可引起腹泻的主要病毒有鸡新城疫病毒、禽

流感病毒、传染性法氏囊病病毒、传染性支气管炎病毒等。这类腹泻的特点：多发生于中鸡和大鸡，伴有全身症状，有一定死亡率，持久性腹泻，用抗生素治疗大多无效。

③寄生虫性腹泻　可引起腹泻的主要寄生虫有蛔虫、异刺线虫、绦虫、球虫等。患寄生虫病的鸡，严重感染时表现食欲不振或停食，贫血，消瘦和腹泻。剖检可查到相应的寄生虫虫体。

④中毒性腹泻　主要有食盐中毒、霉败饲料中毒和药物中毒等。主要症状为食欲减少或不食，精神沉郁，运动失调，腹泻，甚至倒地死亡。

⑤代谢性腹泻　多见于痛风症，其原因是由于饲料中蛋白质含量过高，或维生素 A、维生素 D 不足或矿物质配合不适当等。病鸡食欲不佳，毛乱，贫血，母鸡产蛋量降低或停产，肛门排出白色、半液体状稀粪。

⑥环境或管理因素引起的腹泻　夏季高温、转群、突然换料、惊群等各种应激因素等可引起鸡腹泻。群发性、突发性是其临床特征。

(2)防控措施

①查明原因　鸡粪的颜色和性状可以作为鸡健康状况的晴雨表。在生产实践中，通常可以通过观察鸡粪便的颜色和质地对疾病进行初步的诊断。引起鸡粪便异常的原因很多，通过仔细分析，找准原因，采取相应的措施。

②一般防治原则　首先做好如新城疫、禽流感、传染性法氏囊病、传染性支气管炎等有腹泻症状的病毒性传染病的免疫预防工作；对细菌、寄生虫引起的腹泻可用硫酸安普霉素、氟苯尼考等敏感药物治疗；对中毒性腹泻关键是消除中毒因素和及时采取解毒措施。同时采取止泻、收敛、补碱、解毒等一般防治措施，改善饲养环境，加强饲养管理。

141. 如何防控鸡输卵管囊肿?

近年来,在产蛋鸡群出现一种以产蛋率下降、输卵管内积水为特征的疾病。该病多发生在 150~250 日龄之间,发病后无药可治,只能淘汰。

(1)发病原因　鸡输卵管囊肿的病因复杂。早期感染传染性支气管炎病毒、低致病性禽流感病毒,或在输卵管发育及开产后有衣原体、大肠杆菌或沙门氏菌感染,饲喂霉玉米都可能是此病的发生原因,也可能是目前还不知道的某种或某几种病因所致。

(2)临床特征　鸡群开产后产蛋陆续出现输卵管内积水的病鸡,病鸡出现的比例越大,产蛋率越低,一般高峰产蛋率为 30%~80% 不等。个别鸡群淘汰病鸡后,产蛋率可达 90%。本病不垂直传播。鸡群外观一切正常,但产蛋无高峰期。

病鸡冠厚、鲜红,腹部下垂,输卵管内有大小不等水疱,大的有 600 多毫升,小的仅几毫升,积水是清凉、无色、透明、无味的液体。有些鸡输卵管无积水,但有盲端或输卵管狭窄或无输卵管口。大多数病鸡卵泡发育正常,有的鸡腹腔内有 6~7 个成熟的卵子,但是没有完整功能的输卵管,无法产蛋,其他器官无异常。

(3)防控原则　本病无有效的治疗方法,只能淘汰病鸡。如鸡群产蛋率过低,应全群淘汰。鸡群可口服盐酸二氟沙星、甲磺酸达氟沙星,按输卵管炎治疗。

第七章 不同季节、不同日龄鸡场流行病的防控要点

142. 春季鸡病防控要点是什么?

春季由于天气逐渐转暖,气候干燥、多风,所以各种病原微生物大量繁殖,并迅速传播,同时气温变化幅度较大,较多应激因素作用于鸡体,从而导致其抵抗力下降,往往给养鸡业造成很大损失。

禽流感、新城疫、传染性支气管炎等病毒病、大肠杆菌病以及支原体病一般春季在鸡群中发病的比例较高,并且传播的速度较快。

春季防控鸡病应注意以下问题:

其一,春季是南方候鸟北迁时节,迁徙鸟是禽流感的一种重要传播途径,应尽可能对所饲养的家禽进行封闭式管理,严禁鸡、鸭、鹅及野生鸟混合饲养。

其二,前期(尤其是前20天)通风的力度不能太大,因为春季气温还相对比较低,通风稍有不慎就会使鸡群受凉而引发呼吸道疾病。

其三,做好支原体和大肠杆菌病的协调治疗,目前临床上单纯的支原体病感染比例相对不多,因此在治疗鸡群的呼吸道症状时不应该单纯使用抗菌谱较窄的大环内酯类药物如酒石酸泰乐菌素。

其四,对关键的病毒病尤其是禽流感和新城疫做好预防,这两

种病往往在冬春季发生,导致许多鸡场养殖失败。为了预防好这两种病毒病,首先应该做好鸡群的防疫工作,要选择质量有保障的疫苗厂家生产的疫苗,7日龄的活苗接种最好选择点眼、滴鼻的接种方式,这样才能保证每只鸡获得相同剂量的疫苗;其次冬春季节最好接种禽流感的油乳剂苗,这样才能使鸡群后期对流感病毒有一定的抵抗力。肉仔鸡的饲养后期要根据肉仔鸡的发病规律提前多用些抗病毒药物,做好病毒病的预防工作。

其五,做好消毒工作。许多养殖户缺乏常规的消毒意识,春天由于风相对较多,并且是病毒病的高发季节,因此消毒工作尤其重要。消毒包括鸡舍内外,鸡舍外要隔一定的时间用火碱水喷洒,鸡舍内用刺激性小的消毒药带鸡消毒。

其六,减少应激因素对鸡的影响。应激存在于养鸡过程中的各个环节,因此在应激因素产生时要提前添加提高免疫力的药物(电解多维、黄芪多糖等),同时根据情况添加一些抗生素。

143. 夏季鸡病防控要点是什么?

夏季气温高、湿度大,鸡体散热受到严重的影响,一方面环境温度升高导致鸡体内温度急剧升高,很容易中暑死亡;另一方面温度升高导致鸡的饮水量急剧增加,稀释了消化液的浓度,进而导致鸡的消化能力下降,因此料肉比升高,产蛋率下降。

夏季相对其他季节来说传染病的发病几率相对较低,主要是一些由气温高、湿度大导致的疾病。鸡舍内湿度较大,引起鸡球虫和肠炎的发病率升高;另外春末夏初是传染性法氏囊病的高发季节。

夏季防控鸡病应注意以下问题:

其一,传染性法氏囊病的早期预防和治疗。该病一般多发于春末夏初,此时要选用效果确实的疫苗进行预防,另外此病在肉仔鸡一般多发于14~30日龄之间。因此当地一旦发现此病,要密切观察自己的鸡群状况,在易感日龄间适当添加抗病毒药物进行预防。确诊鸡群感染后要及时注射卵黄抗体,同时针对鸡群的发热、肾肿等症状适当用药,还要适时添加预防继发感染的抗生素。

其二,球虫病和肠炎的预防和治疗。夏季球虫病和肠炎的发病率明显高于其他季节,主要是因为鸡舍内湿度相对较大。病情往往表现为群发,如果用药不及时,往往能造成较高的死亡率。发病鸡群主要表现为消化不良,排西红柿颜色、鱼肠状粪便,严重的鸡死前表现出神经症状,头抬不起,脖子向前方伸直,身体歪向一侧,并伴有震颤。解剖可见小肠内容物呈现绛红色黏稠渣状,长时间不采食的鸡其肠内容物呈黏稠的鼻涕样。在夏季多发于出壳后15~30天之间,因此这个阶段要做好肠炎与球虫的预防工作,在用药时两种鸡病要有所兼顾,最好不要单独治疗一种病。

其三,微量元素及赖氨酸的补充。因为夏季气温较高,鸡的采食量有所下降,因此要适当补充微量元素,这在蛋鸡尤为重要。微量元素的添加也可适当减轻热应激所带来的负面影响。此外,还要注意提高饲料中赖氨酸的含量。

其四,热应激的预防和治疗。热应激对规模化鸡舍带来的损失可能比任何传染性疾病都要严重,所以夏季要做好鸡舍的防暑降温工作,可用的方法有湿帘、风机、喷雾等措施,网养的还要及时清扫粪便,减少由于粪便发酵产生的热量。同时饮水中可适当添加维生素、电解多维等。

144. 秋季鸡病防控要点是什么?

秋季由于昼夜温差很大,往往引起鸡的抵抗力下降,容易诱发一些病毒性疾病,这个季节由于靠近水的地方蚊蝇较多,所以比较容易群发白冠病和鸡痘。另外由于新的玉米刚刚收获,并逐渐添加到饲料中,因此饲料中的水分含量较高,往往导致鸡出现消化不良的现象。玉米收获季节若是雨水较多的话,农户往往由于没有时间晾晒而导致玉米发霉,因此这段时间由于曲霉菌引发的疾病也较多。

秋季防控鸡病应注意以下问题:

其一,预防昼夜温差大,白天由于中午气温较高,因此上午10时左右气温逐渐升高时要渐进性通风,不能一次将通风口放到最大。下午3时后气温逐渐下降时要逐渐关闭通气口。

其二,多添加些预防肠炎的药物。因为饲料所用玉米的水分较高,因此此阶段肉仔鸡出现消化不良的现象比较普遍,并且容易反复,因此预防肠炎的药物要多添加几个疗程。

其三,采取措施减少蚊蝇进入鸡舍。因为此阶段是白冠病和鸡痘的高发时节,而蚊蝇恰是这两种疾病的传播媒介,因此可在鸡舍通风口或与外界相通的地方罩上纱窗等,防止蚊蝇进入;同时做好预防白冠病药物的添加,适时接种鸡痘疫苗。

其四,不使用霉变饲料,有必要时可以添加预防霉菌的药物。

145. 冬季鸡病防控要点是什么?

冬季容易发生一些病毒性疾病,并且患腹水的鸡的比例相对其他季节略高。

冬季防控鸡病应注意以下问题:

其一,协调好保温与通风之间的矛盾关系。冬季夜晚时的温度较低,需要做好保温工作,但是由于禽舍相对密闭,因此晚上舍内氨气的浓度比较大,支原体和大肠杆菌的发病率较高。在这种矛盾情况下,应该保证在温度变化幅度不大的情况下适当通风,尽量保证舍内空气清新,特殊情况下可以适当采用过氧乙酸或醋酸蒸发的方法中和氨气。并且要勤清扫鸡舍内的粪便,减少氨气的产生。

其二,尽量将温度变化的幅度控制在最小范围之内,冬季由于外界温度较低,因此要保证鸡舍内有足够数量的火炉。

其三,对于新养殖户,鸡舍内温度计的摆放位置要合适,不能离火源太近或太远,高度和鸡背相平。但随着养殖经验的积累,要做到看鸡施温。

其四,对于病毒病的防控措施和春季相差不大。对腹水病应在保温的前提下,想办法排出鸡舍内的有害气体,可在鸡舍顶部的通风口安装排风扇。

146. 蛋鸡不同日龄阶段疾病防控要点有哪些?

蛋鸡的生长阶段可划分为 3 个:0~6 周为雏鸡,7~20 周为育成鸡或青年鸡,20 周龄或开始下蛋的母鸡称为蛋鸡。各阶段疾病要点如下:

(1)雏鸡 雏鸡的出壳温度为 39℃~41℃,其体温调节功能和御寒能力均较弱,对温度的反应相当敏感。因此,适宜的温度是育雏的首要条件,必须严格掌握。温度过高,会影响雏鸡的正常代谢,出现食欲减退,体质变弱,生长发育缓慢;温度过低,很容易导致雏鸡感冒,诱发雏鸡白痢,更容易导致后期肾型传染性支气管炎的发生。因此,育雏室的温度最初一周内保持 24℃,以后逐渐降到 21℃~18℃;育雏器的温度第一周为 35℃~33℃,第二周33℃~30℃,第三周 30℃~27℃。

光照对雏鸡的采食、饮水、活动、健康都有重要的作用。为保证雏鸡的生长发育,合理的光照应从雏鸡出壳就开始实行。刚出壳的雏鸡,视力弱,为保证吃食和饮水,一般第一周光照 23~24 小时,第二周减少至 19 小时,第三周至第八周减少至 8 小时。育雏和育成期光照时间,只能逐渐减少不能增加,以免小母鸡性成熟过早,提前产蛋,蛋重较小,产蛋持久性差,全年产蛋低。光照强度第一周为 2.7 瓦/米²,第二周以后为 1.7 瓦/米²。即每 15 米²悬挂40 瓦的灯泡 1 个,高 2 米,第二周以后可换用 25 瓦的灯泡。

雏鸡适宜的空气相对湿度为 55%~65%,保持鸡舍内空气湿润,防止尘土飞扬,可有效地预防异物性肺炎、霉菌性肺炎、支原体等呼吸道疾病的发生。因此在温度、湿度、光照、通风都充分有保障的条件下,可在开食前 2～3 小时,先给鸡提供清洁温水,最好是 2%～5%葡萄糖水或 5%红糖水,出雏后 24 小时左右是幼雏的适宜开食时间,可投食全价的营养饲料,也就是雏鸡配合饲料。从第三天开始可预防性地投放喹诺酮类药物。雏鸡的 1～4 周龄是鸡白痢、慢性呼吸道病、球虫病、传染性法氏囊病、大肠杆菌病和新城疫的高发期。

对于雏鸡白痢,在加强管理的同时,可投放药物进行预防和治疗:甲磺酸达氟沙星,饮水 20～50 毫克/升,1 次/天,连用 3 天,效果良好。感染大肠杆菌和球虫的病鸡,可用磺胺喹噁啉钠＋甲氧苄啶拌料,加妥曲珠利饮水。

对于感染传染性法氏囊病的病鸡,可注射卵黄抗体治疗,每只注射 1～2 毫升,同时感染新城疫的,除极少数严重的可选择注射高免卵黄抗体,应尽量避免采用注射的方式治疗,以免通过针头加速病情的传播,引起大量死亡。饮用卵黄抗体加投服抗生素的方法,用于治疗传染性法氏囊病及细菌继发感染。

对感染新城疫的鸡群应紧急免疫新城疫疫苗(最好饮水,避免注射方式)。随着雏鸡的生长,抵抗力和免疫力逐渐加强,育雏的中后期,雏鸡生长发育较好,但往往前期由于湿度、密度等原因引起的肾型传染性支气管炎在这个阶段开始发病,并引起大量伤亡,而且会在肾型传染性支气管炎的预后期激发大肠杆菌病,引起二次死亡高峰。本阶段在严加管理的同时,可投放广谱抗生素和含乌洛托品成分的药物对肾肿消炎通溶。对发生大肠杆菌病的鸡群,可投放氟苯尼考、安普霉素或恩诺沙星等抗生素。

(2)育成鸡 进入育成期的鸡,逐渐减少光照的同时,更应严格控制鸡的体重,避免在本阶段过度采食引起的体重超重,导致肥胖症,影响后期产蛋。本阶段的新城疫疫苗,可在前期弱毒苗的基础上,选用新城疫中毒疫苗进行免疫,同时还要投放喹诺酮类药物或磺胺喹噁啉钠＋甲氧苄啶拌料 5～7 天,用于预防和治疗本阶段易发的大肠杆菌、沙门氏菌和球虫病。

(3)蛋鸡 对产蛋期的鸡群,应根据鸡群的情况,择时进行新城疫的免疫,最好根据抗体检测水平高低进行免疫,近年来,由于禽流感的发病率逐年增加,因此也要加强对禽流感的免疫。在这时期常见病除了新城疫和禽流感外,还有前两者激发的卵黄性腹膜炎,大肠杆菌由泄殖腔逆行向上引发的输卵管炎和腹膜炎,夏季高温引起热应激等疾病。在药物的选用上,除了对症治疗选择敏感的抗生素外,应注意添加亚硒酸钠、维生素 A、B 族维生素、维生素 C 和各种氨基酸等成分,增强鸡体抵抗力,促进其康复。同时注意,应尽量避免使用利巴韦林、吗啉胍、盐酸金刚烷胺或盐酸金刚乙胺等抗病毒类药物以及激素类药物地塞米松等,以免影响产蛋或引起终身绝产。

147. 种鸡的管理和疾病防控要点有哪些?

种鸡指的是纯系鸡、曾祖代鸡、祖代鸡和父母代鸡,是商品鸡的供种来源,在前期管理和禽病防控方面与蛋鸡基本相同,这里不再叙述。除此之外应重点做好以下工作:

做好疫苗免疫,特别是对新城疫和禽流感的防疫,同时要净化鸡群。种鸡场应对一些可以垂直传播的疾病进行检疫和净化工作,如鸡白痢、大肠杆菌病、白血病、支原体病、脑脊髓炎等都有可能通过种蛋垂直传递给后代,通过检疫淘汰阳性反应的个体,可大大提高种源的质量。检疫工作必须年年进行才有效,不管哪一级的种鸡都要检疫,才能提高鸡群的健康水平,否则引种场的卫生条件差,即使从疾病净化好的种鸡场引进的鸡,也可能再度感染疾病。种鸡一定要按免疫程序做好各种疫苗的接种工作,以保证将来种雏有较高的母源抗体,提高种雏的抗病能力。

148. 肉种鸡不同日龄阶段疾病防控要点有哪些?

按照饲养阶段可将肉用种鸡划分为育雏期、育成期、产蛋期3个阶段。

(1)育雏期　0~6周为育雏期,在育雏期的前期,精心细致的管理尤为重要,按程序免疫各种疫苗,同时在出壳后开食前2~3小时,饮用5%葡萄糖温水或5%红糖水。

①温度　第一周育雏器的温度要严格控制在32℃~35℃,室温保持20℃,以后每周递减2℃~3℃,一直到第四周降至20℃~24℃。

②湿度　10日龄内要求空气相对湿度70%,以后保持在55%~60%。

③密度　0~4周龄,20~15只/米²;5~8周龄15~10只/米²。

④光照　出壳后3天光照需23小时,以后光照时数要缩短,每天光照12~14小时。

⑤喂料　24小时左右为开食最佳时机,可选用全价饲料喂养,每日喂6次,每3小时喂1次。

⑥通风　要特别注意育雏舍内的通风,育雏期精心细致地管理,可有效预防和减少在育雏后期雏鸡白痢的发生,和主要因湿度和密度不当引发的肾型传染性支气管炎、慢性呼吸道病和传染性鼻炎等疾病。针对各种疾病防治,可参考蛋鸡育雏期的防治措施。

(2)育成期　此期要严格控制鸡的体重。一般采用限饲的方法,饲料喂料量为正常料量的80%,限饲方法有3种,即隔日法、每日法和每周停2天法。目前多采用隔日限料法,可取得较好的效果。隔日限料法具体喂法是,将鸡群2天应喂的饲料量集中到一天早上7点半一次喂完,这种喂法可使所有的鸡都能吃上饲料,保证鸡群发育的均匀度。

控制光照，原则是只能保持不变或减少，切忌增加光照时间。夏天以后白天渐短，采用自然光照法，即夜间不补光，仅用自然光照。冬季以后白天渐长，采用不变光照法，即与育成期最长一天光照时间相同，不足部分采用补光方法来解决，亮度为 1 米^2 地面 2 瓦灯光。

当育成鸡养至 20 周龄时，做好开产前的准备工作。种鸡舍备好饲喂、饮水用具，备好产蛋箱，当鸡转入后，舍内用具就不要变动了。

做好育成期的管理，可有效避免肉种鸡患肥胖症和因光照过短或过长而导致开产过晚或过早，从而对后期产蛋的质量和产蛋高峰期有长期的影响，还可避免因过度肥胖而导致的死亡。过胖的肉食鸡更容易发生热应激。

21 周将育成鸡转至种鸡舍，由育成料逐渐转换为种鸡料，由限制饲养变为正常饲养，由控制光照变为 14 小时光照，亮度为每平方米地面 3 瓦灯光，舍内矿物质槽中常备贝壳粉。在育成期，常见的疾病主要有新城疫、大肠杆菌病、沙门氏菌病、慢性呼吸道病、球虫病等疾病，防治办法同蛋鸡育成期。

(3)产蛋期

①湿度 产蛋期鸡舍内理想温度应为 13℃～16℃，下限不低于 5℃，上限不超过 29℃，应努力做到鸡舍内冬暖夏凉。

②光照 从育成期转入产蛋期的光照，要循序增加，具体光照指标为：21～23 周龄，15 小时；23～25 周龄，16 小时；26 周龄至淘汰，16.5 小时。光照强度为平均每平方米地面 2.7 瓦，灯泡均匀分布，悬挂于 2.4 米高处。

③密度 地面垫草饲养 3.6～4 只/米^2；网上或棚架式饲养4.8～5.5 只/米^2。

④饲喂时间与次数 每日喂 3～4 次，饲喂时间要固定不变。在夏季要特别注意防止饲料酸败，经常清洗饲槽与水槽，供应足够

的清洁饮水。

⑤开产至产蛋高峰的管理　一般 24 周龄开产鸡数可达 5%，25 周龄 20%，27 周龄时产蛋鸡数应达 50%，这个阶段的喂料量要参考所饲养品种规定的标准进行，同时要随着产蛋的上升而适当地增加喂料量。准备足够的产蛋箱，每 4 只母鸡要有 1 个产蛋箱，箱底距地面 60～70 厘米，箱内要铺垫草。

在正常情况下，产蛋率达 10% 以后，每天产蛋率会增加 3%，直到产蛋率达到 70%。在此期间如果产蛋率有 3～4 天停止增长（若非其他原因），则应每只鸡按标准喂量再增加 9 克。产蛋率从 70% 增到 80% 期间，每天产蛋率增加系数大约为 1.5%；产蛋率 80% 以后每天增加率仅为 0.25%，一直到产蛋高峰到来为止，产蛋高峰期为 29～36 周龄。

⑥试探性喂饲法　此法对发挥产蛋潜力和防止产蛋母鸡过肥颇为有效。方法是：当产蛋率上升期间停滞和产蛋率下降过快时，采用每天每只鸡增加 10 克饲料，第四天观察产蛋是否上升或减缓下降速度，若有反应，则应考虑增加喂量；若无反应，则应立即停止加料。在产蛋量下降阶段，判断产蛋率是否为正常下降，可用减料方法来试探，即每天每只鸡减少 0.25 克料，到第四天观察，若没有加速下降反应，则可以适当减料；若有加速反应，则应立即停止减料。

此外，对种公鸡亦应控制体重，否则影响配种能力。种母鸡产蛋率下降到 30% 时就应淘汰，淘汰是以产蛋率下降为依据。为使产蛋量缓慢下降，也可在淘汰前 4 周增加光照 1 小时。

附 录

附表 1　无公害食品肉鸡饲养中允许使用的药物饲料添加剂

	药品名称	用量（以有效成分计）	休药期（天）
抗菌药	阿美拉霉素	5～10 克/吨	0
	杆菌肽锌	以杆菌肽锌 4～40 克/吨,16 周龄以下使用	0
	杆菌肽锌＋硫酸黏杆菌素	2～20 克/吨＋0.4～4 克/吨	7
	盐酸金霉素	20～50 克/吨	7
	硫酸黏杆菌素	2～50 克/吨	7
	恩拉霉素	1～5 克/吨	7
	黄霉素	5 克/吨	0
	吉他霉素	5～10 克/吨	7
	那西肽	2.5 克/吨	3
	牛至油	促生长,1.25～12.5 克/吨; 预防,11.25 克/吨	0
	土霉素钙	10～50 克/吨,10 周龄以下用	7
	维吉尼亚霉素	5～20 克/吨	1
抗球虫药	盐酸氨丙啉＋乙氧酰胺苯甲酯	125 克/吨＋8 克/吨	3
	盐酸氨丙啉＋乙氧酰胺苯甲酯＋磺胺喹噁啉	100 克/吨＋5 克/吨＋60 克/吨	7
	氯羟吡啶	125 克/吨	5
	复方氯羟吡啶粉（氯羟吡啶＋苄氧喹甲酯）	102 克/吨＋8.4 克/吨	7
	地克珠利	1 克/吨	

续附表1

药品名称		用量（以有效成分计）	休药期（天）
抗球虫药	二硝托胺	125 克/吨	3
	氢溴酸常山酮	3 克/吨	3
	拉沙洛西钠	75～125 克/吨	3
	马杜霉素铵	5 克/吨	5
	莫能菌素	90～110 克/吨	5
	甲基盐霉素	60～80 克/吨	5
	甲基盐霉素＋尼卡巴嗪	30～50 克/吨＋30～50 克/吨	5
	尼卡巴嗪	20～25 克/吨	4
	尼卡巴嗪＋乙氧酰胺苯甲酯	125 克/吨＋8 克/吨	9
	盐酸氯苯胍	30～60 克/吨	5
	盐霉素钠	60 克/吨	5
	赛杜霉素钠	25 克/吨	5

附表2　无公害食品肉鸡饲养中允许使用的治疗用药

药品名称		剂型	用法与用量（以有效成分计）	休药期（天）
抗生素类	硫酸安普霉素	可溶性粉	混饮：0.25～0.5 克/升，连饮 5 天	7
	亚甲基水杨酸杆菌肽	可溶性粉	混饮：预防，25 毫克/升；治疗，50～100 毫克/升，连用 5～7 天	1
	硫酸黏杆菌素	可溶性粉	混饮：20～60 毫克/升	7
	甲磺酸达氟沙星	溶液	混饮：20～50 毫克/升，1 次/天，连用 3 天	
	盐酸二氟沙星	粉剂、溶液	内服、混饮：5～10 毫克/千克体重，2 次/天，连用 3～5 天	1
	恩诺沙星	溶液	混饮：25～75 毫克/升，2 次/天，连用 3～5 天	2

续附表 2

药品名称		剂型	用法与用量 (以有效成分计)	休药期 (天)
抗生素类	氟苯尼考	粉剂	内服:20~30毫克/千克体重,2次/天,连用3~5天	暂定30
	氟甲喹	可溶性粉	内服:3~6毫克/千克体重,2次/天,连用3~4天,首次量加倍	
	吉他霉素	预混剂	混饲:100~300克/吨,连用5~7天,不得超过7天	7
	酒石酸吉他霉素	可溶性粉	混饮:250~500毫克/升,连用3~5天	7
	牛至油	预混剂	22.5克/吨,连用7天	
	金荞麦散	粉剂	混饲:治疗,2克/千克;预防,1克/千克	0
	盐酸沙拉沙星	溶液	混饮:20~50毫克/升,连用3~5天	
	复方磺胺氯哒嗪钠	粉剂	内服:20毫克/体重·天+4毫克/体重·天,连用3~6天	1
	延胡索酸泰妙菌素	可溶性粉	混饮:125~250毫克/升,连用3天	
	磷酸泰乐菌素	预混料	混饲,26~53克/吨	5
	酒石酸泰乐菌素	可溶性粉	混饮:500毫克/升,连用3~5天	1
抗寄生虫药	盐酸氨丙啉	可溶性粉	混饮:48毫克/升,连用5~7天	7
	地克珠利	溶液	混饮:0.5~1毫克/升	
	磺胺氯吡嗪钠	可溶性粉	混饮:300毫克/升;混饲,600克/吨,连用3天	1
	越霉素A	预混剂	混饲,10~20克/吨	3
	芬苯哒唑	粉剂	内服:10~50毫克/千克体重	
	氟苯咪唑	预混剂	混饲,30克/吨,连用4~7天	14

续附表 2

药品名称	剂型	用法与用量（以有效成分计）	休药期（天）
抗寄生虫药 潮霉素 B	预混剂	混饲,8~12克/吨,连用8周	3
妥曲珠利	溶液	混饮:25毫克/升,连用2天	

附表 3　无公害食品蛋鸡饲养中允许使用的预防用药

药品名称	剂型	用法与用量（以有效成分计）	休药期（天）	用途	注意事项
抗菌药 亚甲基水杨酸杆菌肽	可溶性粉	混饮:25毫克/升(预防量)	0	治疗慢性呼吸道病,提高产蛋率、提高产蛋期饲料效率	每日新配
杆菌肽锌	预混剂	混饲:4~40克/吨	7	促生长	16周龄以下使用
杆菌肽锌＋硫酸黏杆菌素	预混剂	混饲:2~20克/吨	7	预防革兰氏阳性及阴性菌感染	
金霉素(饲料级)	预混剂	混饲:20~50克/吨	7	促进畜禽生长	10周龄以内
硫酸黏杆菌素	可溶性粉	混饮:20~60克/升	7	革兰氏阴性菌感染引起的肠道疾病、促生长	避免连用药1周以上
	预混剂	混饲:2~20克/吨			
恩拉霉素	预混剂	混饮:1~10克/吨	7	促生长	

续附表3

药品名称		剂 型	用法与用量 （以有效成分计）	休药期 （天）	用 途	注意事项
抗菌药	黄霉素	预混剂	混饲：5克/吨	0	促生长	
	吉他霉素	预混剂	混饲：5～11克/吨	7	革兰氏阳性菌感染、支原体感染，促生长	
	那西肽	预混剂	混饲：2.5克/吨	3	促生长	
	牛至油	预混剂	混饲：促生长，1.25～12.5克/吨；预防，11.25克/吨	0	预防大肠杆菌、沙门氏菌所致下痢	
	土霉素钙	粉剂	混饲：10～50克/吨，10周龄以下用	5	促生长	添加低钙饲料（含钙量0.18%～0.55%）时，连续用药不超过5天
	酒石酸泰乐菌素	可溶性粉	混饮：500克/升，连用3～5天	1	革兰氏阳性菌、支原体感染，促生长	
	维吉尼亚霉素	预混剂	混饲：5～20克/吨	1	革兰氏阳性菌、支原体感染，促生长	

续附表3

药品名称		剂　型	用法与用量 (以有效成分计)	休药期 (天)	用　途	注意事项
抗球虫药	盐酸氨丙啉＋乙氧酰胺苯甲酯	预混剂	混饲：125克/吨＋8克/吨	3	球虫病	
	盐酸氨丙啉＋磺胺喹噁啉	可溶性粉	混饮：0.5克/升,连用2～4天	7	球虫病	
	盐酸氨丙啉＋乙氧酰胺苯甲酯＋磺胺喹噁啉	预混剂	混饲：100克/吨＋5克/吨＋60克/吨	7	球虫病	
	氯羟吡啶	预混剂	混饲：125克/吨	5	球虫病	
	地克珠利	预混剂	混饲：1克/吨		球虫病	
		溶液	混饮：0.5～1毫克/升			
	二硝托胺	预混剂	混饲：125克/吨	3	球虫病	
	氢溴酸常山酮	预混剂	混饲：3克/吨	5	球虫病	
	拉沙洛西钠	预混剂	混饲：75～125克/吨	3	球虫病	
	马杜霉素铵	预混剂	混饲：5克/吨	5	球虫病	
	莫能菌素钠	预混剂	混饲：90～110克/吨	5	球虫病	禁与泰妙菌素、竹桃霉素并用

续附表3

药品名称		剂 型	用法与用量 (以有效成分计)	休药期 (天)	用 途	注意事项
抗球虫药	甲基盐霉素	预混剂	混饲:60～80 克/吨	5	球虫病	禁与泰妙菌素、竹桃霉素及其他抗球虫药伍用
	甲基盐霉素＋尼卡巴嗪	预混剂	混饲:30～50 克/吨＋30～50 克/吨	5	球虫病	
	尼卡巴嗪	预混剂	混饲:20～25 克/吨	4	球虫病	
	尼卡巴嗪＋乙氧酰胺苯甲酯	预混剂	混饲:125 克/吨＋8克/吨	9	球虫病	
	盐霉素钠	预混剂	混饲:60克/吨	5	球虫病及促生长	
	赛杜霉素钠	预混剂	混饲:25克/吨	5	球虫病	
	磺胺氯吡嗪钠	可溶性粉	混饮:0.3克/升混饲:0.6克/吨,连用5～10天	1	球虫病、鸡霍乱、伤寒病	不得作为饲料添加剂长期使用、凭兽医处方购买
	磺胺喹噁啉＋二甲氧苄啶	预混剂	混饲:100克/吨＋20克/吨	10	球虫病	凭兽医处方购买

附表4　无公害食品蛋鸡饲养中允许使用的治疗用药
（须在兽医指导下使用）

<table>
<tr><th colspan="2">药品名称</th><th>剂　型</th><th>用法与用量
（以有效成分计）</th><th>休药期
（天）</th><th>用途</th><th>注意事项</th></tr>
<tr><td rowspan="10">抗寄生虫药</td><td>盐酸氨丙啉</td><td>可溶
性粉</td><td>混饮：48/升，
连用5～10天</td><td>1</td><td>球虫病</td><td>饲料中维
生素 B_1 含量
在 10 毫克/
千克以上时
明显拮抗</td></tr>
<tr><td>盐酸氨丙啉
＋磺胺喹噁
啉钠</td><td>可溶
性粉</td><td>混　饮：0.5
克/升，连用 3
天,停 2～3天,
再用 2～3 天</td><td>7</td><td>球虫病</td><td></td></tr>
<tr><td>二硝托胺</td><td>预混剂</td><td>混饲：125
克/吨</td><td>3</td><td>球虫病</td><td></td></tr>
<tr><td>越霉素 A</td><td>预混剂</td><td>混饲：5～10
克/吨，连用 8
周</td><td>3</td><td>蛔虫病</td><td></td></tr>
<tr><td>潮霉素 B</td><td>预混剂</td><td>混饲：8～12
克/吨，连用 8
周</td><td>3</td><td>蛔虫病</td><td></td></tr>
<tr><td>芬苯哒唑</td><td>粉剂</td><td>口服：10～50
毫克/千克体重</td><td></td><td>线虫
和绦虫
病</td><td></td></tr>
<tr><td>氟苯咪唑</td><td>预混剂</td><td>混饲：30 克/
吨，连用 4～7
天</td><td>14</td><td>驱除
胃肠道
线虫及
绦虫</td><td></td></tr>
<tr><td>甲基盐霉素
＋尼卡巴嗪</td><td>预混剂</td><td>混饲：24.8＋
24.8 克/吨 或
44.8 ＋ 44.8
克/吨</td><td>5</td><td>球虫病</td><td>禁与泰妙
霉素、竹桃霉
素并用,高温
季节慎用</td></tr>
<tr><td rowspan="2">盐酸氯苯胍</td><td>片剂</td><td>口服：10～15
毫克/千克体重</td><td rowspan="2">5</td><td rowspan="2">球虫病</td><td rowspan="2">影响肉质
品质</td></tr>
<tr><td>预混剂</td><td>混饲：3～6
克/吨</td></tr>
</table>

药品名称		剂　型	用法与用量（以有效成分计）	休药期（天）	用途	注意事项
抗寄生虫药	磺胺喹恶啉钠＋二甲氧苄啶	预混剂	混饲：100克/吨＋20克/吨	10	球虫病	
	磺胺喹噁啉钠	可溶性粉	混饮：300～500毫克/升，连续饮用不超过5天	10	球虫病	
	妥曲珠利	溶液	混饮：7毫克/千克体重，连用2天	21	球虫病	
抗菌类药	硫酸安普霉素	可溶性粉	混饮：0.25～0.5克/升，连饮5天	7	大肠杆菌、沙门氏菌及部分支原体感染	
	亚甲基水杨酸杆菌肽	可溶性粉	混饮：50～100毫克/升，连用5～7天	0	治疗慢性呼吸道；提高产蛋量，提高产蛋期饲料率	每日新配
	甲磺酸达氟沙星	溶液	混饮：20～50毫克/升，1次/天，连用3天	1	细菌与支原体感染	
	盐酸二氟沙星	粉剂、溶液	内服：5～10毫克/千克体重，2次/天，连用3～5天	1	细菌与支原体感染	

续附表 4

药品名称		剂　型	用法与用量 （以有效成分计）	休药期 （天）	用　途	注意事项
抗菌类药	恩诺沙星	粉剂、溶液	混饮:25～75毫克/升,连用3～5天	2	细菌性疾病与支原体感染	避免与四环素、氯霉素、大环内酯类合用,避免与含铁、镁、铝药物或高价配合饲料同服
	硫酸红霉素	可溶性粉	混饮:125毫克/升,连用3～5天	3	革兰氏阳性菌与支原体感染	
	氟苯尼考	粉剂	内服:20～30毫克/千克体重,2次/天,连用3～5天	30	敏感细菌所致细菌性疾病	
	氟甲喹	可溶性粉	内服:3～6毫克/千克体重,2次/天,连用3～4天,首次量加倍		革兰氏阴性菌与支原体感染,促生长	
	吉他霉素	预混剂	混饲:100～300克/吨,连用5～7天,不得超过7天	7	革兰氏阳性菌与支原体感染,促生长	
	酒石酸吉他霉素	可溶性粉	混饮:250～500毫克/升,连用3～5天	7	革兰氏阳性菌与支原体感染	

续附表4

药品名称		剂型	用法与用量（以有效成分计）	休药期（天）	用途	注意事项
抗菌类药	硫酸新霉素	可溶性粉	混饮：50～75毫克/升，连用3～5天	5	革兰氏阴性菌所致胃肠炎	
		预混剂	混饲：77～154克/吨，连用3～5天			
	牛至油	预混剂	混饲：22.5克/吨，连用7天	0	大肠杆菌、沙门氏菌所致下痢	
	盐酸土霉素	可溶性粉	混饮：53～211毫克/升，连用7～14天	5	鸡霍乱、白痢、肠炎、球虫、鸡伤寒	
	盐酸沙拉沙星	可溶性粉溶液	混饮20～50毫克/升，连用3～5天		细菌及支原体感染	
	磺胺喹噁啉钠＋甲氧苄啶	预混剂	混饲：25～30毫克/千克，连用10天	1	大肠杆菌、沙门氏菌感染	
		混悬液	混饮：(80＋16)～(160＋12)毫克/升，连用5～7天			
	复方磺胺嘧啶	预混剂	混饲：0.17～0.2克/千克体重，连用10天	1	革兰氏阳性菌及阴性菌感染	
	磺胺喹噁啉钠＋甲氧苄啶	预混剂	混饲：25～30毫克/千克体重，连用10天	1	大肠杆菌、沙门氏菌感染	
		混悬剂	混饮：80＋16毫克/升体重，连用5～7天			

续附表4

药品名称		剂型	用法与用量 (以有效成分计)	休药期 (天)	用途	注意 事项
抗菌类药	延胡索酸泰妙菌素	可溶性粉	混饮:125~250毫克/升,连用3天	7	慢性呼吸道病	禁止与莫能霉素、盐霉素等聚醚类抗生素混用
	酒石酸泰乐菌素	可溶性粉	混饮:500毫克/升,连用3~5天	1	革兰氏阳性菌与支原体感染	

附表5 无公害食品蛋鸡产蛋期间用药
(须在兽医的指导下使用)

药品名称	剂型	用法与用量	弃蛋期 (天)	用途	注意 事项
氟苯咪唑	预混剂	混饲:30克/吨,连用4~7天	7	驱除胃肠道线虫及绦虫	
土霉素	可溶性粉	混饮:60~250毫克/升	1	抗革兰氏阳性菌和阴性菌	
杆菌肽锌	预混剂	混饲:15~100克/吨	0	促进畜禽生长	
牛至油	预混剂	混饲:22.5克/吨,连用7天	0	大肠杆菌、沙门氏菌所致下痢	
复方磺胺氯达嗪钠(磺胺氯达嗪钠+甲氧苄啶)	粉剂	内服:20毫克/千克体重,连用3~6天	6	大肠杆菌和巴氏杆菌感染	
妥曲珠利	溶液	混饮:7毫克/千克体重,连用2天	14	球虫病	
维吉尼亚霉素	预混剂	混饲:20克/吨	0	抑菌,促生长	

金盾版图书,科学实用,
通俗易懂,物美价廉,欢迎选购

养鸡场鸡病防治技术(第二次修订版)	15.00	青贮专用玉米高产栽培与青贮技术	6.00
养鸡防疫消毒实用技术	8.00	农作物秸秆饲料加工与应用(修订版)	14.00
鸡病防治(修订版)	12.00	秸秆饲料加工与应用技术	5.00
鸡病诊治150问	13.00	菌糠饲料生产及使用技术	7.00
鸡传染性支气管炎及其防治	6.00	农作物秸秆饲料微贮技术	7.00
鸭病防治(第4版)	11.00	配合饲料质量控制与鉴别	14.00
鸭病防治150问	13.00	常用饲料原料质量简易鉴别	14.00
养殖畜禽动物福利解读	11.00	饲料添加剂的配制及应用	10.00
反刍家畜营养研究创新思路与试验	20.00	中草药饲料添加剂的配制与应用	14.00
实用畜禽繁殖技术	17.00	饲料作物栽培与利用	11.00
实用畜禽阉割术(修订版)	13.00	饲料作物良种引种指导	6.00
畜禽营养与饲料	19.00	实用高效种草养畜技术	10.00
畜牧饲养机械使用与维修	18.00	猪饲料科学配制与应用(第2版)	17.00
家禽孵化与雏禽雌雄鉴别(第二次修订版)	30.00	猪饲料添加剂安全使用	13.00
中小饲料厂生产加工配套技术	8.00	猪饲料配方700例(修订版)	12.00
青贮饲料的调制与利用	6.00	怎样应用猪饲养标准与常用饲料成分表	14.00
青贮饲料加工与应用技术	7.00	猪人工授精技术100题	6.00
饲料青贮技术	5.00		
饲料贮藏技术	15.00		

以上图书由全国各地新华书店经销。凡向本社邮购图书或音像制品,可通过邮局汇款,在汇单"附言"栏填写所购书目,邮购图书均可享受9折优惠。购书30元(按打折后实款计算)以上的免收邮挂费,购书不足30元的按邮局资费标准收取3元挂号费,邮寄费由我社承担。邮购地址:北京市丰台区晓月中路29号,邮政编码:100072,联系人:金友,电话:(010)83210681、83210682、83219215、83219217(传真)。